Vilma Andari

Évaluation de l'effet de brunissement dans les raviolis de pâtes de blé entier frais

Vilma Andari

Évaluation de l'effet de brunissement dans les raviolis de pâtes de blé entier frais

Efficacité du dextrose de culture et de l'acide ascorbique

ScienciaScripts

This book is a translation from the original published under ISBN 978-3-8383-4947-3.

Publisher:
Sciencia Scripts
is a trademark of
Dodo Books Indian Ocean Ltd., member of the OmniScriptum S.R.L Publishing group
str. A.Russo 15, of. 61, Chisinau-2068, Republic of Moldova Europe
Printed at: see last page
ISBN: 978-620-3-18573-7

REMERCIEMENTS

J'aimerais remercier ma conseillère, le Dr Miriam Saltmarch Perry, pour son temps et ses encouragements tout au long de ma thèse. Je remercie également le Dr Carl Anderson de m'avoir permis de travailler sur ce projet et de m'avoir soutenu sans relâche tout au long du processus, le Dr Panfilo Belo pour son temps précieux en tant que membre du comité et son soutien universitaire, et Gordon Leggett du HunterLab pour son soutien technique. Enfin, je voudrais remercier The Monterey Gourmet Foods Company pour m'avoir fourni tout le matériel nécessaire à la production des échantillons de raviolis de pâtes fraîches et pour m'avoir permis d'utiliser sa cuisine d'essai et ses équipements pour développer les échantillons.

Cette thèse est dédiée à mon mari aimant, Antoine, pour ses encouragements et son soutien sans faille pendant mes études supérieures à l'université d'État de San José, et à mes enfants, Nastassia et Charles, pour leur patience et leur soutien. Cette entreprise n'aurait pas été possible sans leur soutien.

PRÉFACE

Cette thèse est rédigée dans le style d'une publication. Le deuxième chapitre est écrit sous forme de journal et sera soumis au *Journal of Food Quality*. Le premier et le dernier chapitre sont rédigés selon les directives du *Manuel de publication de l'American_Psychological Association,* cinquième édition, 2001.

Table des matières

CHAPITRE 1

INTRODUCTION ET ANALYSE DE LA LITTÉRATURE

5

Introduction

Le brunissement oxydatif des aliments végétaux tels que les fruits, les légumes et le blé et de leurs produits transformés est un problème majeur dans l'industrie alimentaire car il peut entraîner des pertes importantes en termes de qualité et d'économie (Feillet, Autran & Icard-Verniere, 2000 ; Walker, 1995 ; Whitaker & Lee, 1995). Les produits alimentaires à base de blé (Triticum aestivum L.), tels que la pâte de blé entier, les chapaties (Lamkin, Miller, Nelson, Traylor & Lee, 1981), les pâtes et les nouilles orientales fraîches sont particulièrement sensibles au brunissement oxydatif (Demeke, Chang, & Morris, 2001 ; Feillet et al., 2000).

Les raviolis de blé entier frais contenant du dextrose de culture et ceux fourrés de diverses garnitures ont été signalés par Monterey Gourmet Food, Inc. comme étant susceptibles de provoquer des réactions rapides de brunissement oxydatif qui apparaissent à la surface où la pâte entre en contact avec la garniture, lorsqu'ils sont emballés sous atmosphère modifiée (MAP). L'entreprise a également signalé que cette réaction rapide de brunissement oxydatif ne se manifestait pas dans les raviolis de blé dur frais (Triticum turgidum L.). Les types de farces les plus associés à cette réaction, ainsi que l'apparition accrue de pigments bruns qui se superposent à la couleur naturelle des raviolis de blé entier, ont été le fromage d'épinard et le fromage d'artichaut.

Les réactions de brunissement oxydatif des produits alimentaires, notamment les raviolis de pâtes au blé entier et les nouilles orientales, sont des caractéristiques indésirables qui, dans le cas de Monterey Gourmet Food, Inc. ont entraîné le rejet du produit par les consommateurs - ils sont visuellement considérés comme des produits dégradés et inacceptables (Fuerst, Anderson, & Morris, 2006 (b) ; Marques, Fleuriet & Macheix, 1995). Bien que le brunissement oxydatif n'affecte pas la valeur nutritionnelle du produit, il influence fortement les choix des consommateurs lors de la sélection d'un produit (Simeone, Pasqualone, Clodoveo & Blanco, 2002). La couleur des produits ayant subi une transformation minimale est potentiellement le principal attribut de qualité pris en compte par les consommateurs lors de la sélection d'un produit. C'est également l'un des principaux facteurs limitants qui réduisent la durée de conservation des produits frais tels que les pâtes fraîches et les nouilles crues.

Le contrôle du brunissement oxydatif a toujours représenté un défi pour l'industrie alimentaire ; c'est pourquoi celle-ci dépense chaque année des millions de dollars pour tenter de prévenir le brunissement oxydatif des produits alimentaires causé par les réactions induites de la poloyphénol oxydase (PPO) (Whitaker & Lee, 1995).

Les chercheurs ont évalué plusieurs méthodes chimiques et physiques qui peuvent prolonger la durée de conservation des produits alimentaires sensibles aux OPP, y compris les produits à base de blé (Baik, Czuchajowska, & Pomeranz, 1995 ; Kobrehel, Laignelet, & Feillet, 1974 ; Luo & Barbosa-Canovas, 1994 ; Soliva-Fortuny, Grigelmo-Miguel, Odriozola-Serrano, Gorinstein & Martin-Belloso, 2001 ; Vadlamani & Seib, 1996 ; Whitaker & Lee, 1994). Les composés chimiques les plus couramment utilisés qui peuvent naturellement retarder ou empêcher le brunissement oxydatif comprennent les agents réducteurs et les acidifiants, tels que les agents sulfatants, l'acide ascorbique et l'acide citrique. L'utilisation de traitements chimiques présente certaines limites, notamment en ce qui concerne les problèmes de sécurité et les effets sensoriels qui peuvent se produire sur la saveur, la texture et la couleur des produits finaux.

Les méthodes physiques alternatives utilisées pour contrôler le brunissement des OPP comprennent des traitements thermiques, tels que le blanchiment ou la pasteurisation, et/ou l'élimination de l'oxygène de la surface des pâtes fraîches ou des produits de nouilles fraîches à l'aide d'un PAM. Il a été rapporté que le conditionnement sous atmosphère modifiée prolonge la durée de conservation des produits alimentaires frais avec un seul traitement thermique à une moyenne de 25-35 jours (Professional pasta, 2005).

Le MAP consiste à réduire l'O2 et à augmenter les niveaux de CO_2 grâce à un conditionnement par désoxygénation sous vide (McEvily & Ivengar, 1992 ; Soliva-Fortuni et al., 2001 ; Vilas-Boas, & Kader, 2005).

La prévention et le contrôle du brunissement enzymatique est un facteur important pour obtenir une couleur satisfaisante dans les produits de consommation, tels que les pâtes et les nouilles fraîches (Fuerst, Anderson & Morris., 2006 (a)). La couleur est un trait de qualité essentiel pour évaluer les produits à base de blé fabriqués à partir de blé tendre (Triticum aestivum L.) et de blé dur (Triticum turgidum L.) (Fuerst et al., 2006 (a)). Les fabricants de produits alimentaires ont mis au point diverses méthodes pour garantir la qualité de leurs produits grâce à la surveillance et à la mesure de la couleur.

Le contrôle de la qualité des produits alimentaires, y compris les pâtes et les nouilles, est effectué par des évaluations visuelles de la couleur ou par des mesures instrumentales de la couleur (Good, 2004). L'évaluation visuelle de la couleur est traditionnellement utilisée pour classer la qualité des pâtes alimentaires en comparant l'échantillon inconnu à un étalon sous une source de lumière constante (Matz & Larsen, 1954). Cependant, les évaluations visuelles de la couleur sont subjectives et ne sont pas aussi précises en raison des variations des mesures visuelles entre les individus.

D'autre part, les mesures instrumentales des couleurs éliminent la subjectivité et sont plus précises

(Good, 2004). Ces instruments mesurent la couleur vraie sur une échelle triaxiale de type L*, a*, b*, où L* est l'axe de la clarté (0 = noir ; 100 = blanc), a* est l'axe rouge-vert, et b* est l'axe jaune-bleu (Anderson & Morris, 2001 ; Good, 2004). Les échelles de couleurs CIE L*, a*, b* ont été utilisées pour évaluer la couleur du blé dur/semoule et des farines, des pâtes alimentaires sèches et des nouilles fraîches préparées à partir de différents cultivars de blé et de lots de céréales (Anderson & Morris, 2001 ; Baik et al. 1995 ; Fuerst et al. 2006 (b) ; Kruger, Anderson & Dexter, 1994 ; Martz & Larsen, 1954). Des mesures de couleur ont également été utilisées pour surveiller l'effet des inhibiteurs de PPO dans les pâtes de nouilles fraîches et les fruits frais (Baik et al., 1995 ; Fuerst et al., 2006 (b) ; Kruger et al., 1994 ; Luo & Barbosa-Canovas, 1994 ; Soliva-Fortuni et al., 2001 ; Vadlamani & Seib, 1996).

L'efficacité des mesures instrumentales de la couleur (échelles de couleur L*, a*, b*) a été déterminée par plusieurs chercheurs, comme nous l'avons vu précédemment ; cependant, il n'est pas évident que des études antérieures aient suivi le brunissement oxydatif des pâtes fraîches faites de farine de blé entier (WW) ou de farine de blé dur, ou évalué l'effet des traitements chimiques et/ou physiques de transformation pour retarder ou empêcher le brunissement oxydatif des pâtes fraîches.

Étant donné que les raviolis de blé entier frais avec diverses garnitures sont affectés par un brunissement oxydatif rapide une fois qu'ils sont conditionnés sous atmosphère modifiée, il est important d'un point de vue économique de développer une méthodologie qui aidera les fabricants à identifier rapidement et précisément l'efficacité des traitements antioxydants dans la prévention du brunissement oxydatif, non seulement pour les raviolis frais, mais aussi pour diverses pâtes fraîches.

<u>Objectif</u>

Les objectifs de cette étude étaient les suivants : (1) évaluer l'efficacité du dextrose cultivé pour ralentir le brunissement oxydatif dans les raviolis frais de blé entier (WW) et de pâtes dures sans garniture, (2) évaluer l'efficacité du dextrose cultivé (CD) et de l'acide ascorbique (AA) pour ralentir le brunissement oxydatif dans les raviolis frais WW et durs fourrés aux épinards et au fromage (SC) ou aux trois fromages (TC), (3) d'évaluer l'efficacité de la pasteurisation pour limiter le brunissement oxydatif des raviolis frais WW et durum conditionnés sous atmosphère modifiée contenant des CD et fourrés de tomates séchées au poulet (CST) ou SC, et (4) d'évaluer l'utilisation de mesures colorimétriques (valeurs CIE L*, a*, b*) pour mesurer le brunissement oxydatif en fonction du temps sur les raviolis WW frais, avec et sans diverses garnitures, et l'efficacité des traitements antioxydants .

Les colorants alimentaires sont un facteur majeur dans l'acceptation par les consommateurs de produits à base de blé entier tels que les raviolis de pâtes. Des changements de couleur indésirables, tels que le brunissement par oxydation, entraînent le rejet du produit par les consommateurs et causent des pertes de profit importantes pour les entreprises de transformation des aliments. Il est économiquement important de développer une méthode pour mesurer la qualité de la couleur des raviolis frais et l'efficacité des agents antibrunissement pour ralentir le brunissement oxydatif. Cette étude aidera clairement Monterey Gourmet Food, Inc. à identifier les lacunes de son système de contrôle de la qualité, à introduire une nouvelle méthode de mesure des changements de couleur dans chacun de ses produits avant la production de masse, à sélectionner les agents antioxydants ou antibrunissement les plus efficaces pour divers produits de pâtes alimentaires et, enfin, à réduire le coût global associé à l'échec et au rejet potentiels des produits par les consommateurs.

Revue de la littérature

Brunissement oxydatif

Le brunissement oxydatif des aliments végétaux tels que les fruits, les légumes et le blé et de leurs produits transformés est un problème majeur dans l'industrie alimentaire car il entraîne des pertes importantes en termes de qualité et d'économie (Feillet, Autran & Icard-Verniere, 2000 ; Walker, 1995 ; Whitaker & Lee, 1995). Dans les fruits, par exemple, le brunissement oxydatif altère profondément la qualité visuelle par l'apparition de pigments bruns dont la couleur se superpose à la couleur naturelle des tissus (Marques, Fleuriet, Macheix, 1995). Les produits alimentaires à base de blé (Triticum aestivum L.), tels que la pâte de blé entier, les chapaties (Lamkin, Miller, Nelson, Traylor & Lee, 1981), les pâtes et les nouilles orientales fraîches sont particulièrement sensibles au brunissement oxydatif (Demeke, Chang, & Morris, 2001 ; Feillet et al., 2000). Plusieurs chercheurs ont démontré que la polyphénol oxydase (PPO) est impliquée dans le brunissement dépendant du temps des nouilles de blé et d'autres produits à base de blé (Anderson & Morris, 2001 ; Beik, Czuchajowska, & Pomeranz, 1995 ; Demeke et al., 2001 ; Feille et al., 2000 ; Fuerst, Anderson & Morris, 2006 (b)).

Le brunissement des pâtes résulte des molécules endogènes de couleur brune que l'on trouve dans l'endosperme ou dans la couche de son du grain de blé (couche d'aleurone) et des réactions d'oxydation enzymatique et non enzymatique des composés phénoliques endogènes du blé (couche d'aleurone).

L'oxydation non enzymatique peut résulter de la polymérisation des composés phénoliques endogènes, ainsi que de la réaction de Maillard qui se produit lorsqu'un mélange d'acides aminés et de sucres réducteurs est chauffé ensemble (Feillet et al., 2000 ; Matsuo & Irvine, 1967 ; Vadlamani & Seib,1996). Toutefois, la réaction de Maillard n'affecte pas les pâtes ou les nouilles de blé frais, car elles ne subissent pas de cycle de séchage à haute température.

Le brunissement enzymatique des produits à base de blé est attribué à l'activité catalytique de la polyphénol oxydase (PPO ; E. C. 1.14.18.1) et intervient dans l'oxydation des composés phénoliques endogènes du blé en quinones hautement réactives (McEvily & Iyengar 1992 ; Simeone, Pasqualone, Clodoveo & Blanco, 2002). Ces quinones réactives se polymérisent ensuite de manière non enzymatique en pigments rouges, bruns ou noirs ou réagissent avec divers résidus d'acides aminés dans les protéines et/ou les hydrates de carbone pour produire des pigments bruns ou noirs (mélanine) (Liavoga, Kwon-Joong, & Okot-Kotber, 2000). De plus, dans les cultivars de blé dur, l'OPP initie les réactions de polymérisation qui finissent par oxyder et blanchir les pigments caroténoïdes (Fuerst et al., 2006 (b)). Plusieurs études ont identifié la localisation de la PPO dans le grain de blé et ont constaté que l'enzyme est localisée et est plus active dans la fraction son du grain (Baik, Czuchajowska & Pomeranz, 1994 ; Feillet et al. 2000 ; Honold, & Stahmann, 1968 ; Marsh & Galliard 1986 ; Okot-Kotber, Liavoga, & Bagorogoza, 2001).

Localisation du PPO

Plusieurs études ont permis d'identifier l'emplacement de l'OPP dans le grain de blé et de déterminer que l'enzyme est localisée et est plus active dans la fraction son du grain de blé (Baik et al., 1994 ; Feillet et al. 2000 ; Honold, & Stahmann, 1968 ; Marsh & Galliard 1986 ; Okot-Kotber et al., 2001). Les réactions de brunissement enzymatique dépendent de la quantité de substrat d'acide phénolique et de la quantité de PPO présente dans la fraction de mouture (March & Galliard, 1986 ; Hatcher & Kruger, 1997). Hatcher & Kruger, 1997, ont montré que la mouture du grain de blé à un taux élevé d'extraction de la farine (>70) entraînait une augmentation spectaculaire des niveaux de PPO. Baik et al. (1994) ont rapporté que, lorsque les taux d'extraction de la farine augmentaient, l'activité de la PPO dans les farines augmentait en raison de l'incorporation de la fraction de son. Comme la farine de blé complet est moulue à partir du grain de blé complet, on peut s'attendre à ce que la farine de blé complet et les produits dérivés du blé complet contiennent des niveaux plus élevés d'OPP, ce qui augmente l'effet de brunissement dans les produits de blé complet.

Mécanisme d'action de l'OPP

La polyphénol oxydase (PPO ; E. C. 1.14.18.1) est une enzyme contenant du cuivre qui, en présence d'oxygène, catalyse l'oxydation des substrats phénoliques en quinones hautement réactives (McEvily & Iyengar 1992 ; Simeone et al., 2002). Ces quinones réactives se polymérisent ensuite de manière non enzymatique en pigments rouges, bruns ou noirs, ou réagissent avec divers résidus d'acides aminés dans les protéines et/ou les hydrates de carbone pour produire des pigments bruns ou noirs (mélanine) (Liavoga et al., 2000). En outre, dans les cultivars de blé dur, l'OPP initie les réactions de polymérisation qui finissent par oxyder et blanchir les pigments caroténoïdes (Fuerst et al., 2006 (b)).

Le contrôle du brunissement enzymatique

Méthodes anti-brunissement

Les méthodes antibrunissement les plus courantes qui retardent ou empêchent naturellement le brunissement oxydatif comprennent l'utilisation d'agents réducteurs et d'acidifiants, tels que les agents sulfatants, l'acide ascorbique et l'acide citrique. L'utilisation de traitements anti-brunissement présente certaines limites en raison des problèmes potentiels de sécurité sanitaire et des attributs sensoriels qu'ils peuvent conférer aux produits (saveur et/ou couleur). Par exemple, les sulfites contrôlent efficacement l'activité de la PPO, mais en raison de leurs effets négatifs sur la santé de la population asthmatique, leur utilisation sur divers aliments a été limitée par la Food and Drug Administration (FDA) (Luo & Barbosa-Canovas, 1994). De plus, il a été rapporté que le sulfite détruit l'élasticité de la pâte de blé (Bloksma & Bushuk, 1988 cité dans Vadlamani & Seib, 1996).

Baik et al. (1995) ont évalué cinq traitements réducteurs (acide ascorbique, acide ascorbique-2-phosphate, 4-hexylrésorcinol, sulfite de sodium et tocophérol) pour retarder le brunissement des pâtes de nouilles, et ont constaté que sur cinq composés réducteurs, seul l'acide ascorbique (AA) à 500 ppm (seul ou combiné avec une désoxygénation sous vide) retardait efficacement la décoloration ou le brunissement des nouilles. Beik, et al. (1995) ont également déterminé que l'AA améliorait la couleur (brillance) de la pâte de nouilles crue. Inversement, d'autres chercheurs ont déterminé que dans les pâtes à macaronis, l'AA en concentrations relativement élevées (350 ppm) réduisait les pertes de pigments caroténoïdes mais provoquait un brunissement dans les macaronis (Matsuo & Irvine, 1967).

Méthodes physiques

Les méthodes physiques alternatives utilisées pour contrôler le brunissement des OPP comprennent des traitements thermiques tels que le blanchiment ou la pasteurisation et/ou l'élimination de l'oxygène de la surface des pâtes ou des nouilles grâce à l'utilisation d'un conditionnement sous atmosphère modifiée (MAP). La pasteurisation a été signalée comme étant la méthode la plus efficace pour contrôler le brunissement enzymatique de certains aliments (McEvily & Ivengar, 1992).

La méthode MAP réduit l'O2 et augmente les niveaux de CO_2 grâce à l'emballage par désoxygénation sous vide (McEvily & Ivengar, 1992 ; Soliva-Fortuni, Grigelmo-Miguel, Odrizola-Serrano, Goristein, & Martin- Belloso, 2001 ; Vilas-Boas, & Kader, 2005). L'emballage de pâtes fraîches sous atmosphère modifiée consiste à retirer l'air (O2) de l'intérieur de l'emballage (matériaux thermoformables) et à le rincer avec du CO_2 et du N_2. La production industrielle courante de pâtes fraîches conditionnées sous atmosphère modifiée comprend un traitement thermique (pasteurisation), un refroidissement rapide, un conditionnement sous atmosphère modifiée et une réfrigération à la température de stockage et de conservation appropriée ($\sim$ +3 °C ou 37,4 °F). En général, l'avantage du conditionnement des pâtes fraîches sous atmosphère modifiée est qu'il prolonge la durée de conservation du produit à 25-35 jours, inhibe l'activité microbiologique et ralentit l'activité enzymatique et les processus biochimiques (Professional Pasta, 2005).

Mesure de la couleur des pâtes alimentaires

La couleur est un trait de qualité essentiel pour évaluer les produits à base de blé fabriqués à partir de blé tendre (Triticum aestivum L.) et de blé dur (Triticum turgidum L.) (Fuerst, Anderson & Morris, 2006 (a)). Pour les fabricants de produits alimentaires, il est important de produire des produits de haute qualité et d'un grand attrait visuel (couleur) ; c'est pourquoi ils ont développé des méthodes pour garantir la qualité de leurs produits grâce à la surveillance et à la mesure de la couleur. Le contrôle de la qualité des produits alimentaires, y compris des pâtes et des nouilles fraîches, est effectué soit par des évaluations visuelles de la couleur, soit par des mesures instrumentales de la couleur (Good, 2004).

Observations visuelles

L'observation visuelle des couleurs est traditionnellement utilisée pour évaluer la qualité des pâtes alimentaires en comparant l'échantillon inconnu à un étalon sous une source de lumière constante (Matz & Larsen, 1954). Cependant, les évaluations visuelles des couleurs sont subjectives et ne sont pas aussi précises en raison d'erreurs dans les mesures visuelles. Ces erreurs sont attribuées aux changements de couleur de

12

l'échantillon standard avec l'âge et aux différences de détection des couleurs entre les juges (Walsh, Gilles & Shuey, 1969). D'autre part, les mesures instrumentales des couleurs éliminent la subjectivité et sont plus précises (Good, 2004).

<u>Mesures de la couleur des instruments</u>

L'industrie alimentaire utilise couramment des mesures de couleur instrumentales obtenues avec des spectrophotomètres colorimétriques, qui mesurent la couleur réelle sur une échelle triaxiale de type L*, a*, b*. L* est l'axe de luminosité (0 = noir ; 100 = blanc), les axes a* et b* sont respectivement les axes rouge-vert (les valeurs positives sont rouges ; les valeurs négatives sont vertes) et jaune-bleu (les valeurs positives sont jaunes ; les valeurs négatives sont bleues) (Anderson & Morris, 2001 ; Good, 2004). Les échelles de couleurs CIE L*, a*, b* sont les plus utilisées dans l'industrie alimentaire pour mesurer les changements de couleur des produits pendant leur durée de conservation ainsi que pour surveiller l'impact des différents ingrédients, additifs, variations de processus et conditions de stockage (Good, 2004). Les chercheurs ont surveillé la qualité de la couleur des pâtes sèches et des nouilles crues, ainsi que l'effet des traitements antibrunissement dans les produits dérivés du blé (Baik, 1995 ; Feillet et al., 2000 ; Fuerst et al., 2006 (b) ; Kruger, Anderson, & Dexter, 1994 ; Martz & Larsen, 1954 ; Vadlamani & Seib, 1996 ; Walsh et al., 1969). Par exemple, les caractéristiques de qualité de la farine de blé dur/semoule, telles que les niveaux élevés de pigments jaunes, ont été surveillées pour les valeurs L* (légèreté) et b* (jaune-bleu), qui sont souvent utilisées comme indices pour évaluer la couleur de la farine de blé dur/semoule (Quality traits. Semolina color/leaf rust resistance, 2006).

Les changements de couleur (assombrissement) des pâtes sèches et des nouilles fraîches ont été précédemment caractérisés comme des pâtes brunâtres avec une faible valeur L* respective (Feillet et al., 2000). Fuerst et al. (2006 (b)), ont rapporté que le noircissement des nouilles de blé était indiqué par une diminution des valeurs L* (brunissement), et entraînait également une diminution des valeurs b*. D'autres chercheurs ont rapporté que le brunissement des fruits, tels que les tranches de pomme, a été surveillé et décrit par des changements des valeurs L* (diminution) et a* (augmentation), qui sont souvent utilisées comme indices de brunissement oxydatif progressif (Luo & Barbos-Canovas, 1994).

CHAPITRE 2

ARTICLE DE JOURNAL

Page de titre de l'auteur

ÉVALUATION DU BRUNISSEMENT DANS LES RAVIOLIS DE PÂTES FRAÎCHES AU BLÉ ENTIER

15

Vilma Andari M.S., Miriam S. Perry* Ph.D., Panfilo Belo Ph. D., et

Carl Anderson Ph.D.

Département de la nutrition et des sciences alimentaires

Université d'État de San José

One Washington Square

San Jose, CA 95192-0025

*Adressez vos questions et commentaires au Dr. Miriam S. Perry Ph.D., Department of Nutrition and Food Science, San Jose State University, One Washington Square, San Jose, CA 95192-0025, 408-924-3104.

ABSTRACT

ÉVALUATION DU BRUNISSEMENT DANS LES RAVIOLIS DE PÂTES FRAÎCHES AU BLÉ

ENTIER

par Vilma E. Andari

Les raviolis de blé entier frais (WW) contenant du dextrose de culture et remplis de diverses garnitures sont affectés par un brunissement rapide par oxydation lorsqu'ils sont conditionnés sous atmosphère modifiée. Un spectrophotomètre couleur HunterLab avec des valeurs CIE L*, a*, b* a été utilisé pour évaluer : (1) le brunissement oxydatif des raviolis frais de blé entier (WW) et de blé dur avec et sans diverses garnitures, (2) l'efficacité du dextrose de culture (CD), de l'acide ascorbique (AA), de la pasteurisation et des MAP comme méthodes pour retarder/inhiber le brunissement oxydatif. Dix échantillons de raviolis par série d'échantillons et par condition de test ont été utilisés dans l'étude. Cinq panélistes ont procédé à une notation sensorielle de l'amplitude. Les mesures instrumentales de la couleur (L*) ont montré que les farces aux épinards et au fromage et aux trois fromages augmentaient le brunissement oxydatif des raviolis WW par rapport aux raviolis témoins sans farces, tandis que dans les raviolis au blé dur, les deux types de farces favorisaient une augmentation des valeurs L*. Les valeurs a* et b* ont montré des changements de couleur à mesure que le brunissement oxydatif progressait dans le temps. Les valeurs AA et CD se sont révélées être des antioxydants inefficaces. La valeur L* des raviolis WW a fortement diminué en un jour. L'estimation de la magnitude a montré que les raviolis de blé dur étaient inacceptables en raison de l'augmentation de la luminosité (L*) et de la diminution du jaunissement (b*) au cinquième jour. Les raviolis WW étaient inacceptables en raison d'un brunissement intense (faible L*) au premier jour. La pasteurisation, associée à la MAP, a efficacement inhibé le brunissement oxydatif des raviolis WW et durum avec garniture.

INTRODUCTION

Le brunissement oxydatif des aliments végétaux tels que les fruits, les légumes et le blé et de leurs produits transformés est un problème majeur dans l'industrie alimentaire car il entraîne des pertes importantes en termes de qualité et d'économie (Feillet, Autran & Icard-Verniere, 2000 ; Walker, 1995 ; Whitaker & Lee, 1995). Les produits alimentaires à base de blé (Triticum aestivum L.), tels que la pâte de blé entier, les chapaties (Lamkin, Miller, Nelson, Traylor & Lee, 1981), les pâtes et les nouilles orientales fraîches sont particulièrement sensibles au brunissement oxydatif (Demeke, Chang, & Morris, 2001 ; Feillet et al., 2000).

On a signalé que les raviolis de blé entier frais (Triticum aestivum L.) contenant du dextrose de culture et fourrés de diverses garnitures sont sensibles aux réactions de brunissement oxydatif rapide qui apparaissent à la surface, là où la pâte entre en contact avec la garniture, après avoir été emballés sous atmosphère modifiée (MAP). Cette réaction de brunissement oxydatif n'a pas été observée dans les raviolis de blé dur frais (Triticum turgidum L.). Les types de farces associés à cette réaction et l'apparition accrue de pigments bruns qui se superposent à la couleur naturelle des raviolis de blé entier ont été les plus importants dans les farces au fromage d'épinard et au fromage d'artichaut.

Les réactions de brunissement oxydatif dans les produits alimentaires, notamment les raviolis de pâtes au blé entier et les nouilles orientales fraîches, sont des caractéristiques de qualité indésirables qui entraînent le rejet des produits par les consommateurs car ils sont visuellement considérés comme des produits dégradés et inacceptables (Fuerst, Anderson, & Morris, 2006 (b) ; Marques, Fleuriet & Macheix, 1995). Bien que le brunissement oxydatif n'affecte pas la valeur nutritionnelle du produit, il influence fortement les choix des consommateurs lors de la sélection des produits (Simeone, Pasqualone, Clodoveo & Blanco, 2002). La couleur des produits peu transformés est un attribut de qualité majeur pris en compte par les consommateurs lors de la sélection d'un produit, et c'est l'un des principaux facteurs limitants qui réduisent la durée de conservation des produits frais, comme les pâtes fraîches et les nouilles en rangée.

Le brunissement des pâtes peut résulter de molécules endogènes de couleur brune, présentes dans l'endosperme ou dans la couche de son du grain de blé (couche d'aleurone), ou de réactions d'oxydation enzymatiques et non enzymatiques de composés phénoliques endogènes du blé (couche d'aleurone). Le brunissement enzymatique des produits à base de blé a été attribué à l'activité catalytique de la polyphénol oxydase (PPO ; E. C. 1.14.18.1) (Baik, Czuchajowska & Pomeranz, 1995 ; Fuerst, Anderson & Morris, 2006 (a) & (b) ; Lamkin et al., 1981;Vadlamani & Seib, 1996). L'OPP oxyde les acides phénoliques endogènes du blé en quinones hautement réactives (McEvily & Iyengar 1992 ; Simeone et al., 2002), qui se polymérisent ensuite de manière non enzymatique en pigments rouges, bruns ou noirs, ou réagissent avec divers résidus d'acides aminés dans les protéines et/ou les hydrates de carbone pour produire des pigments bruns ou noirs (Liavoga, Kwon-Joong, & Okot-Kotber, 2000). Le brunissement non enzymatique peut également résulter de la polymérisation de composés phénoliques endogènes, ainsi que de composés issus de la réaction de Maillard (Feillet et al., 2000 ; Matsuo & Irvine, 1967 ; Vadlamani & Seib,1996). Les pâtes de blé frais ne sont généralement pas affectées par la réaction de Maillard, car ce type de pâtes ne subit pas de cycle de séchage à haute température pendant la fabrication.

D'autres facteurs peuvent contribuer au brunissement des produits à base de blé par l'OPP, notamment la concentration en OPP active et en composés phénoliques présents dans les cultivars de blé (Hatcher & Kruger, 1997) et dans les farines dérivées, ainsi que la disponibilité en oxygène (Martinez & Whitaker, 1995).

Le contrôle du brunissement oxydatif a toujours été un défi pour l'industrie alimentaire. En conséquence, l'industrie alimentaire dépense des millions de dollars chaque année pour tenter d'empêcher le brunissement des produits alimentaires causé par les réactions induites par la PPO (Whitaker et Lee, 1995). Plusieurs chercheurs ont évalué diverses méthodes chimiques et physiques pour prolonger la durée de conservation des produits alimentaires sensibles aux OPP, y compris les produits à base de blé (Baik et al., 1995 ; Kobrehel, Laignelet, & Feillet, 1974 ; Luo & Barbosa-Canovas, 1994 ; Whitaker & Lee, 1994). D'autres méthodes utilisées pour lutter contre le brunissement des OPP ont inclus des traitements thermiques, tels que la pasteurisation et/ou l'élimination de l'oxygène de la surface des fruits, des légumes ou des pâtes ou des nouilles par conditionnement sous vide ou sous atmosphère modifiée (MAP) (Matinez & Whitaker, 1995 ; Soliva-Fortuny, Grigelmo-Miguel, Odriozola-Serrano, Gorinstein & Martin-Belloso, 2001 ; Vadlamani & Seib, 1996). Il a été rapporté que le conditionnement sous atmosphère modifiée prolonge la durée de conservation des pâtes fraîches ayant subi un seul traitement thermique à une moyenne de 25-35 jours (Professional pasta, 2005).

La prévention ou le contrôle du brunissement enzymatique est nécessaire pour garantir une bonne couleur des produits de consommation, tels que les pâtes et les nouilles en ligne (Fuerst et al., 2006 (a)). La couleur est un attribut de qualité essentiel pour l'évaluation des produits à base de blé tendre (Triticum aestivum L.) et de blé dur (Triticum turgidum L.) (Fuerst et al., 2006 (a)). Le contrôle de la qualité des produits alimentaires, y compris les pâtes alimentaires et les nouilles crues, est effectué soit par des méthodes d'évaluation visuelle et sensorielle de la couleur, soit par des mesures instrumentales de la couleur (Good, 2004). Les évaluations sensorielles visuelles des couleurs sont subjectives et ne sont pas aussi précises, tandis que les mesures instrumentales des couleurs éliminent la subjectivité et sont plus précises (Good, 2004).

L'industrie alimentaire obtient couramment des mesures de couleur instrumentales à l'aide de spectrophotomètres colorimétriques, qui mesurent la couleur réelle sur une échelle triaxiale de type L*, a*, b*, où L* est l'axe de luminosité (0 = noir ; 100 = blanc), a* et b* sont les axes rouge-vert et jaune-bleu (Anderson & Morris, 2001 ; Good, 2004). Les échelles de couleur CIE L*, a*, b* ont été utilisées dans l'industrie alimentaire pour évaluer la couleur et la qualité de la semoule et des farines, des pâtes alimentaires sèches et des nouilles crues préparées à partir de différents cultivars de blé et de lots de céréales (Anderson & Morris, 2001 ; Baik et al, 1995 ; Fuerst, Anderson & Morris, 2006 (b) ; Kruger, Anderson & Dexter, 1994 ; Martz & Larsen, 1954 ; Walsh, Gilles & Shuey, 1969). Les mesures de la couleur ont également été utilisées pour surveiller l'effet des inhibiteurs chimiques de brunissement enzymatique dans les pâtes de nouilles crues et les fruits frais (Baik et al., 1995 ; Fuerst et al., 2006 (b) ; Kruger et al., 1994 ; Luo & Barbosa-Canovas, 1994 ; Soliva-Fortuni et al., 2001 ; Vadlamani & Seib, 1996).

L'efficacité des mesures instrumentales de la couleur (échelles de couleur L*, a*, b*) a été déterminée par plusieurs chercheurs, comme nous l'avons vu précédemment ; cependant, aucune étude antérieure ne semble avoir suivi le brunissement oxydatif des pâtes fraîches à base de farine de blé entier ou de farine de blé dur, ni évalué l'effet des traitements chimiques et/ou physiques pour retarder ou prévenir le brunissement oxydatif des pâtes fraîches.

Étant donné que les raviolis de blé entier frais avec diverses garnitures sont affectés par un brunissement oxydatif rapide une fois qu'ils sont conditionnés sous atmosphère modifiée, il est important d'un point de vue économique de développer une méthodologie qui aidera les producteurs de pâtes à identifier l'efficacité des traitements antioxydants dans la prévention du brunissement oxydatif non seulement des raviolis frais, mais aussi de divers autres produits de pâtes fraîches.

Les objectifs de la présente étude étaient donc les suivants : (1) évaluer l'efficacité du dextrose cultivé pour ralentir le brunissement oxydatif des raviolis frais de blé entier (WW) et de pâtes dures sans garniture, (2) évaluer l'efficacité du dextrose cultivé (CD) et de l'acide ascorbique (AA) pour ralentir le brunissement oxydatif des raviolis frais WW et durs fourrés aux épinards et au fromage (SC) ou aux trois fromages (TC), (3) d'évaluer l'efficacité de la pasteurisation pour limiter le brunissement oxydatif des raviolis frais WW et de blé dur emballés sous atmosphère modifiée contenant des CD et fourrés de tomates séchées au poulet (CST) ou SC, et (4) d'évaluer la

utilisation d'un spectrophotomètre colorimétrique (valeurs CIE L*, a*, b*) pour mesurer le brunissement oxydatif en fonction du temps sur les raviolis WW frais, avec diverses garnitures, et l'efficacité des traitements antioxydants.

LES MATÉRIAUX ET LES MÉTHODES

Ravioli Ingrédients. Tous les matériaux utilisés pour la fabrication des raviolis frais de blé entier (WW) et de blé dur, ainsi que les traitements anti-brunissement (dextrose de culture (CD) et acide ascorbique (AA)), ont été fournis par Monterey Gourmet Foods, Inc, Salinas, CA. La société a également fourni les garnitures des usines de production (1) aux épinards-fromage (SC) et (2) aux trois fromages (TC) utilisées dans l'objectif 2, ainsi que les échantillons de production de raviolis frais WW et de blé dur emballés sous atmosphère modifiée contenant du CD et fourrés soit avec (1) du poulet et des tomates séchées (CST), soit avec (2) du SC utilisé dans l'objectif 3.

Sets d'échantillons de ravioli. Objectifs 1-3 Des raviolis frais de WW et de blé dur, conditionnés à l'air ou sous atmosphère modifiée, ont été utilisés pour toutes les conditions de traitement. Dix (10) échantillons de raviolis ont été utilisés pour chaque série d'échantillons afin d'assurer la répétabilité des mesures. Les mesures de couleur ont été prises par un spectrophotomètre HunterLab ColorFlex. Les tests ont été effectués de manière séquentielle. Des jeux d'échantillons répétés ont été préparés pour l'évaluation sensorielle de l'ampleur (acceptabilité visuelle) de tous les échantillons de ravioli dans les objectifs 1 à 2 de cette étude.

Préparation de Raviolis frais. Pour les deux premiers objectifs de l'étude, des échantillons de raviolis frais WW et de durum ont été préparés dans la cuisine d'essai de Monterey Gourmet Foods en utilisant la formulation et les procédures existantes, à l'exception de la pasteurisation, un procédé utilisé après la mise en forme des raviolis de pâtes fraîches et avant leur conditionnement sous atmosphère modifiée (MAP). La pasteurisation est effectuée pendant six minutes à une température interne supérieure à 162 °F.

Les raviolis WW étaient préparés à partir d'un ratio de 51/49 de farines WW et de farine de blé dur, comme l'exige la FDA pour les produits à base de céréales complètes (Crawford, 2005). Tout le matériel utilisé pour la fabrication des ensembles d'échantillons de raviolis a été soigneusement nettoyé pour éviter toute contamination croisée entre les préparations de raviolis. Tous les raviolis utilisés dans cette étude ont été fabriqués dans les mêmes conditions pour éviter d'éventuelles variations de processus pendant les essais.

Les échantillons de ravioli au blé dur ont été préparés en premier, suivis des raviolis WW. Tous les ingrédients, secs et liquides, ont été mesurés sur une balance à chargement par le haut. Du dextrose de culture (CD) et de l'acide ascorbique (AA) ont été incorporés dans les autres ingrédients secs aux concentrations suivantes, respectivement 0,968 % (poids/poids) et 0,0505 % (poids/poids).

Un mixeur commercial Kitchen Aid, équipé d'une pale à gâteau, était utilisé pour mélanger les ingrédients afin de préparer la pâte. Les ingrédients secs et liquides étaient mélangés à faible vitesse pour former un mélange homogène. Ce mélange a ensuite été mélangé à vitesse moyenne pendant environ cinq minutes jusqu'à ce qu'il acquière une texture sèche et friable. On a préparé suffisamment de pâte pour chaque série d'échantillons pour préparer au moins dix échantillons de ravioli (n = 10). La pâte a été conservée pendant une heure dans un sac de stockage en polyéthylène dans des conditions de réfrigération (38 ° F), tandis que d'autres pâtes étaient préparées. Le stockage réfrigéré a duré moins d'une heure.

La pâte est ensuite pétrie à la main pendant quelques minutes et passe plusieurs fois dans une machine à feuille commerciale (tension de 220, 50 Hz) jusqu'à l'obtention d'une fine feuille de pâte (0,04 mm). Un calibre à cadran de 6 pouces a été utilisé pour mesurer l'épaisseur finale de la pâte dans chaque série d'échantillons. Pour éviter toute contamination croisée entre les différentes formulations de pâte à ravioli, une petite quantité de pâte de la même formulation a été mise en feuille à chaque fois. Chaque feuille de pâte de 0,04 mm a été façonnée en raviolis de pâtes avec un moule à raviolis en métal de 12 unités (2" X 2"). Pour chaque jeu d'échantillons, dix échantillons de raviolis (2" X 2") ont été placés dans un sac de congélation en polyéthylène de la taille d'une pinte et conservés à 38 °F au laboratoire de l'université d'État de San Jose jusqu'à leur utilisation.

Raviolis frais de blé entier et de blé dur en emballage MAP. Objectif 3 : au total, huit unités de qualité commerciale en emballage MAP contenant des raviolis de blé entier avec une garniture CST ou des raviolis de blé dur avec une garniture SC ont été stockées à 38 °F. Les unités individuelles ont été retirées chaque semaine et ouvertes pour évaluer l'effet de la pasteurisation sur le brunissement oxydatif de la pâte. Les changements de couleur ont été mesurés à l'aide du spectrophotomètre HunterLab ColorFlex. Avant le conditionnement sous atmosphère modifiée, les raviolis ont été pasteurisés dans un pasteurisateur à vapeur commercial pendant six minutes à une température interne d'environ 170 °F et refroidis à moins de 40 °F avant le conditionnement. Des échantillons hebdomadaires ont été prélevés sur une période de huit semaines (stockés à 38 °F).

Mesures de la couleur des raviolis (Instrumental). Tous les raviolis frais WW et durum (avec et sans diverses garnitures et avec et sans traitement) ont été évalués pour le brunissement oxydatif à l'aide d'un spectrophotomètre ColorFlex réglé pour mesurer la CIE L*, l'échelle de couleurs a*, b* en utilisant un éclairage D65, un observateur de 10 degrés et une géométrie de 45°/0°, connecté à un PC avec le logiciel Universal V 3.80 (HunterLab, Reston, VA). Les valeurs L* étaient considérées comme une mesure de la luminosité ; les valeurs a* et b* mesuraient respectivement la chromaticité rouge-vert et jaune-bleu. Des valeurs L* plus élevées indiquent une augmentation de la luminosité, et des valeurs L* plus faibles indiquent une augmentation de l'obscurité. Des valeurs positives de a* et b* indiquent respectivement une augmentation de la rougeur ou du jaunissement.

Méthode de mesure des couleurs. Le spectrophotomètre ColorFlex a été normalisé quotidiennement avec du verre noir et calibré. Après la normalisation, une dalle de diagnostic verte a été utilisée pour garantir le bon fonctionnement de l'instrument. Le verre de l'orifice d'échantillonnage du ColorFlex a été nettoyé, avant utilisation, pour assurer des mesures précises. La pâte de blé entier contient des taches claires et foncées et toutes les surfaces de la pâte ont une texture rugueuse. Par conséquent, les mesures de couleur du haut et du bas de chaque échantillon ont été prises pour minimiser les effets de ces paramètres naturels. Un seul jeu d'échantillons de ravioli (10 raviolis) à la fois a été sorti du stockage réfrigéré pour mesurer les changements de couleur de la surface. Chaque ravioli a été placé sur l'orifice d'échantillonnage ColorFlex, et une seule mesure de couleur a été prise. Les raviolis ont été tournés à 45° trois fois de plus et la couleur a été mesurée. Au total, quatre mesures, pour chaque ravioli, ont été enregistrées. Il convient de noter que le fait de faire la moyenne de plusieurs lectures de couleur, avec une rotation entre les lectures, a minimisé les variations de mesure associées à la directionnalité. La moyenne des quatre lectures de couleur a été calculée pour une seule mesure de couleur représentant la couleur (valeurs L*, a*, b*) pour le fond ou le dessus de chaque échantillon de ravioli dans un ensemble d'échantillons (10 raviolis). La moyenne des mesures de la couleur du haut et du bas de cet échantillon de ravioli a été calculée en une seule mesure de couleur. Au total, dix mesures de couleur moyennes (valeurs de couleur L*, a* b*) ont été obtenues pour chaque série d'échantillons (10 raviolis). Les valeurs moyennes de dix mesures de couleur unique ont été calculées pour déterminer la moyenne totale de la mesure de couleur unique. Cette valeur a été utilisée pour évaluer le développement du brunissement pour chaque série d'échantillons au fil du temps.

La mesure de la moyenne totale des couleurs du jour 0 a été identifiée comme la norme fixée pour l'échantillon. Les mesures de la couleur moyenne totale des échantillons suivants ont été utilisées pour évaluer l'effet de brunissement des raviolis au fil du temps et pour calculer les différences de couleur entre les échantillons de raviolis par rapport à la norme. Il convient de noter que chaque jour, une mesure de la couleur a été prise sur chaque ensemble d'échantillons de ravioli (sauf pour les raviolis MAP), un double de l'échantillon de ravioli a été simultanément placé dans le congélateur pour l'évaluation sensorielle visuelle à la fin de l'étude.

Couleur visuelle (notation sensorielle de la magnitude). Cinq panélistes sensoriels ont été utilisés pour évaluer et déterminer l'ampleur du brunissement des raviolis frais WW et durum (des objectifs 1 et 2 ; tableau 1). En outre, ils ont déterminé visuellement à quel point une variable était inacceptable. Les raviolis frais ont été regroupés en fonction de différents traitements et notés en comparant chaque ravioli par jour de stockage réfrigéré (identifié par un numéro de code) aux raviolis standard du jour 0. L'acceptabilité visuelle des raviolis était basée sur un échantillon de ravioli standard auquel on a attribué une valeur de 10. Chaque juge devait déterminer combien de fois les raviolis étaient plus ou moins bruns par rapport aux normes (c'est-à-dire que si les raviolis étaient deux fois plus bruns, les échantillons obtenaient une valeur de 20 = 100 % d'augmentation de la couleur brune ; si la couleur était moitié moins brune, les échantillons obtenaient une valeur de 5 pour un score total de 15 = moitié moins foncé ; 50 % d'augmentation de la couleur brune). Les scores moyens d'acceptabilité ont été indiqués. Les scores moyens de magnitude ont été indiqués.

Analyse statistique. Dix échantillons de ravioli (n=10) répliqués par traitement ont été utilisés pour calculer les moyennes et les écarts types pour toutes les valeurs de mesure de la couleur (L*, a*, b*). Les moyennes ont été calculées avec le logiciel HunterLab Universal V 3.80 (HunterLab, Reston, VA), et les écarts types ont été calculés pour chaque moyenne.

RÉSULTATS ET DISCUSSION

Objectif 1. Évaluation de l'efficacité de la CD à limiter le brunissement oxydatif dans les raviolis frais WW et Durum.

Dans la phase pilote de l'étude, les raviolis sans garniture ont été conservés pendant 20 jours à 38 °F. Le brunissement oxydatif, mesuré sous forme de valeurs L* pour les raviolis WW témoins sans traitement de la MC et pour les raviolis WW traités à la MC, a montré une diminution rapide similaire des valeurs L* les 3 premiers jours, de $67,75 \pm 0,46$ à $60,96 \pm 0,79$, et de $65,81 \pm 0,51$ à $57,91 \pm 1,33$, respectivement ; se stabilisant progressivement du 4e au 20e jour, comme le montre la figure 1 (A). Ces résultats indiquent que la DC a fait baisser les valeurs L*, ce qui indique que la DC a favorisé le brunissement oxydatif des raviolis WW sans garniture. Le brunissement oxydatif des raviolis de blé dur sans ajout de CD et des raviolis de blé dur traités par la CD a été plus progressif du jour 0 au jour 6, avec des valeurs L* de $75,87 \pm 0,40$ à $70,07 \pm 0,84$, et de $73,38 \pm 0,50$ à $63,96 \pm 0,74$, respectivement ; se stabilisant progressivement jusqu'au jour 20, comme le montre la figure 1 (B). Il convient de noter que les valeurs L* des raviolis de blé dur étaient constamment plus élevées que celles des raviolis de blé dur, ce qui reflète la légèreté (luminosité) de la farine de blé dur par rapport à la couleur brune inhérente à la farine de blé dur qui contient toutes les parties du grain de blé. La différence de taux de brunissement entre les deux types de raviolis de blé, WW et dur, confirme les conclusions précédentes selon lesquelles l'activité des OPP dans les cultivars de blé dur est généralement plus faible, alors que l'activité des OPP varie dans les cultivars de blé tendre (Baik et al., 1995 ; Demeke et al., 2001 ; Fuerst, Anderson & Morris (b), 2006 ; Kruger et al., 1994).

Les valeurs a* (figures 2 A, B) pour les raviolis WW et les raviolis de blé dur avec et sans CD ont augmenté avec le temps, indiquant une augmentation de la rougeur dans tous les raviolis. Les raviolis WW avec et sans traitement CD ont augmenté de $8,74 \pm 0,22$ à $9,55 \pm 0,29$, et de $6,96 \pm 0,22$ à $7,46 \pm 0,31$, respectivement. L'augmentation des valeurs a* pour les raviolis au blé dur avec et sans CD est passée de $4,01 \pm 0,07$ à $5,59 \pm 0,23$, et de $3,72 \pm 0,10$ à $4,74 \pm 0,16$, respectivement. Les mesures a* pour les raviolis WW et les raviolis de blé dur permettent de déterminer que la DC a favorisé une augmentation de la rougeur dans les deux types de raviolis, mais une augmentation plus importante de la rougeur des raviolis WW. Luo et Barbosa-Canovas (1994) ont rapporté qu'une diminution des valeurs L* et une augmentation des valeurs a* étaient associées à un brunissement enzymatique progressif de la surface des tranches de pomme.

Les valeurs b* (indice de jaunissement) pour les raviolis WW et durum ont diminué avec le temps. Les raviolis WW, traités au CD, ont présenté une baisse plus marquée des valeurs b* ($25,18 \pm 0,57$ à $22,72 \pm 0,41$) que les raviolis WW témoins ($23,18 \pm 0,69$ à $22,22 \pm 0).64$) entre le jour 0 et le jour 5, suivie d'une baisse parallèle mais légère des valeurs b* pour les produits traités et non traités entre le jour 6 et le jour 10, se stabilisant ensuite jusqu'au jour 20 (21,86 ± 0,27 et 21,82 ± 0,65, respectivement) (figure 3 A et B). Les valeurs b* pour les raviolis de blé dur avec traitement contre la maladie coeliaque étaient plus élevées le jour 0 (35,94 ± 0,22) que les valeurs b* des témoins de blé dur (34,33 ± 1,05). Cette légère amélioration du jaunissement par traitement CD des raviolis de blé dur a constamment diminué pour atteindre des valeurs b* inférieures aux valeurs b* des témoins de blé dur pendant les 20 jours de stockage au réfrigérateur (28,05 ± 0,45 et 29,37 ± 0,52, respectivement). Ce résultat indique que le CD augmente la valeur b* (jaunissement) des raviolis WW et de blé dur, mais seulement pendant une période limitée. Dans l'ensemble, la DC a eu un effet négatif sur les raviolis WW et durum, car elle a favorisé une plus grande diminution des valeurs b* (passage au bleu = assombrissement) que les raviolis témoins.

Les résultats de l'évaluation sensorielle ont montré que les raviolis de blé dur sans traitement sont devenus inacceptables le quatrième jour, avec un score de 15, tandis que les raviolis de blé dur avec traitement contre la maladie coeliaque sont devenus inacceptables le deuxième jour, avec un score de 15. Ce résultat indiquait que les raviolis de blé dur devenaient inacceptables lorsque le brunissement avait augmenté de 50 %, et que le traitement par CD réduisait visuellement la durée de conservation des raviolis de blé dur. Le panéliste sensoriel a estimé que les raviolis WW, sans et avec traitement CD, étaient inacceptables le deuxième jour, avec un score de 14 et 15 respectivement.

Les résultats de l'évaluation sensorielle ont été comparés aux chiffres de la mesure objective de la couleur, comme indiqué dans le tableau 1, qui ont systématiquement montré des valeurs L*, a*, b* inférieures pour le blé dur traité par CD et les raviolis WW ; ce qui indique un effet négatif du traitement prévu.

Les résultats de cette expérience ont montré que les raviolis frais de blé dur et de blé entier brunissaient rapidement sous l'effet des enzymes, sans farce, car les deux types de raviolis présentaient une forte augmentation du brunissement au cours des 10 premiers jours de l'essai, puis se stabilisaient jusqu'au 20e jour. Ce résultat était en accord avec les observations précédentes qui ont démontré une intensité de brunissement qui est corrélée à une augmentation de l'activité de la PPO avec la formation de pigments bruns ou noirs (Martinez & Whitaker, 1995). En outre, la DC n'était pas un traitement efficace pour retarder ou empêcher le brunissement des raviolis de blé dur ou de blé entier, comme le montrent les valeurs inférieures de L* (diminution de la clarté ou augmentation de la brillance), les valeurs inférieures de b* (diminution du jaunissement) et les valeurs supérieures de a* (augmentation de la rougeur) sur le blé dur et le blé entier, par rapport aux raviolis sans traitement.

Objectif 2. L'objectif de la phase suivante était d'évaluer l'efficacité de la CD et de l'AA pour ralentir le brunissement oxydatif des raviolis frais WW et durum fourrés aux épinards et au fromage (SC) ou aux trois fromages (TC) (deuxième partie de l'objectif 2). L'évolution des valeurs CIE L*, a*, b* pendant le stockage réfrigéré jusqu'à 5 et 7 jours pour les raviolis WW et durum fourrés au SC ou au TC est illustrée dans les figures 4 à 9.

Raviolis de blé entier (WW)

Les valeurs L* ont rapidement diminué en association avec le brunissement dans les quatre combinaisons de raviolis WW (figure 4 (A)), avec et sans garniture SC, et avec et sans traitement, sur une période de 5 jours. Le jour 0, les deux raviolis WW témoins, avec et sans garniture, avaient des valeurs L* identiques (61,78 ± 0,81 et 61,78 ± 0,64 respectivement), tandis que les raviolis WW avec CD ou AA avaient des valeurs L* légèrement différentes (62,71 ± 0,72 et 61,97 ± 0,63 respectivement). En comparant les valeurs L* des deux raviolis témoins tout au long de la période de 5 jours, on a observé que la garniture SC favorisait une diminution rapide des valeurs L* (42,14 ± 0,98 et 52,57 ± 1,14, respectivement). La différence d'importance du brunissement entre les deux raviolis WW témoins peut être associée à des réactions biochimiques induites par la PPO qui oxydent les composés phénoliques en quinones hautement réactives (Marques et al., 1995), qui à leur tour se polymérisent spontanément pour former des pigments bruns ou noirs (mélanine) ou réagissent avec des acides aminés et des protéines qui renforcent la couleur brune produite (McEvily & Iyengar, 1992). Baik et al, (1995), ont observé que lorsque la teneur en humidité des nouilles fraîches augmente, les valeurs L* diminuent en association avec l'activité de la PPO.

Le taux de brunissement des raviolis WW, traités avec des AA, a suivi une ligne de tendance similaire à celle des raviolis témoins avec garniture et avec des valeurs L* (0-5 jours) similaires, mesurées le jour 0 (61,97 ± 0,63) et le jour 5 (43,24 ± 0,95), ce qui indique que les AA n'étaient pas un traitement efficace pour contrôler le brunissement. Les valeurs L* des raviolis WW traités avec la MC étaient légèrement supérieures aux valeurs L* des raviolis traités avec les AA pendant toute la période de 5 jours, mesurées le jour 0 (62,71 ± 0,72) et le jour 5 (47,28 ± 1,17), ce qui indique que la MC n'était pas non plus efficace pour contrôler ou retarder le brunissement oxydatif.

Les valeurs de a* ont diminué dans les quatre combinaisons de raviolis de la WW au cours de la 5 jours de stockage indiquant un passage progressif vers le rouge diminué (vert augmenté) (Figure 5 (A)). Les valeurs a* des raviolis témoins sans garniture SC ont légèrement diminué entre les jours 0 et 5, comme le montrent les valeurs a* respectives de 8,51 ± 0,32 et 8,17 ± 0,26. En revanche, les valeurs a* des raviolis témoins fourrés SC ont diminué de 0 à 3 jours (8,15 ± 0,33 et 2,79 ± 0,34) pour se stabiliser au 5e jour (2,06 ± 0,19). La baisse plus importante des valeurs a*, constatée pour les raviolis témoins fourrés à la crème SC, reflète clairement le fait que le fourrage favorise un passage plus important au vert. Il convient de noter que les raviolis témoins sans garniture ont présenté une légère diminution des valeurs a*, ce qui est contraire aux résultats obtenus dans l'objectif 1 pour les raviolis témoins WW sans garniture pendant la même période ; ce qui indique peut-être que les valeurs a* des raviolis WW n'indiquent pas un brunissement progressif comme cela a été signalé pour les pommes tranchées (diminution des valeurs L* et augmentation des valeurs a*) puisque les deux raviolis ont bruni avec le temps (figures 1 (a) et 4 (a)).

Les valeurs a* des raviolis WW traités par CD et AA avec une garniture SC ont suivi un schéma similaire à celui des raviolis témoins avec une garniture jusqu'au jour 5 ; cependant, au jour 0, les valeurs a* des raviolis traités par CD et AA étaient légèrement supérieures à celles des témoins avec une garniture SC (9,76 ± 0,21 et 9,30 ± 0,30, respectivement), puis se sont stabilisées jusqu'au jour 5 (3,57 ± 0,20 et 2,50 ± 0,33).

Les valeurs b* indiquées à la figure 6 (A) pour les raviolis témoins sans garniture ont connu une baisse légère mais constante des valeurs b* pendant toute la période de 5 jours (26,86 ± 0,71 à 23,36 ± 0,26), tandis que les raviolis témoins avec garniture SC ont connu une forte baisse des valeurs b* aux jours 0-2 (26,97 ± 0,46 et 13,45 ± 1,29), et progressive par la suite (7,93 ± 0,85). Une diminution des valeurs b*, indiquant un glissement vers une diminution du jaune (augmentation du bleu), a été attribuée à l'effet direct de l'assombrissement des nouilles fraîches (faibles valeurs L*) (Fuerst, Anderson & Morris, 2006 (b)).

L'effet de la CD et de l'AA dans le contrôle d'une diminution des valeurs b* des raviolis WW avec une garniture SP a été bref car l'efficacité des traitements a rapidement diminué dans les 5 jours de stockage. Les valeurs b* des raviolis traités par la CD au jour 0 et au jour 5 étaient de 26,95 ± 0,53 et 10,48 ± 0,56 respectivement, et celles des raviolis traités par l'AA au jour 0 et au jour 5 étaient de 28,03 ± 0,87 et 9,01 ± 0,94, respectivement. Ces résultats ont indiqué que les AA étaient légèrement plus efficaces pour améliorer les valeurs b* des raviolis WW que les CD le jour 0, mais comme la capacité antioxydante des AA s'est rapidement épuisée, elle a favorisé un brunissement oxydatif supplémentaire. Il a été signalé qu'une fois la capacité antioxydante des AA épuisée, le brunissement se produit (Luo & Barbosa-Canovas, 1994).

Raviolis Durum

Les valeurs L* pour les raviolis de blé dur de contrôle, sans et avec garniture SC, ont montré un comportement opposé au cours des 5 jours de stockage réfrigéré. Les valeurs L* pour les raviolis de blé dur de contrôle sans garniture ont constamment diminué (bruni) de 72,71 ± 0,65 à 65,10 ± 0,57, tandis que les valeurs L* pour les raviolis de blé dur de contrôle avec garniture ont progressivement augmenté (sont devenus plus légers) de 73,88 ± 0,62 à 77,17 ± 0,33 (figure 4 (B)). La légèreté des raviolis pourrait être due à l'effet de la garniture qui pourrait rendre les raviolis plus légers, car l'eau de la garniture a migré dans la pâte à raviolis, rendant ainsi les raviolis plus opaques et plus légers.

Une augmentation similaire des valeurs L* (légèreté), comme dans le cas des raviolis de blé dur témoins avec une garniture SC, a également été observée dans les raviolis de blé dur avec une garniture SC traités par CD ou AA pendant la période de 5 jours. Le traitement CD a favorisé une augmentation légèrement plus importante des valeurs L* du jour 0 au jour 5 (74,31 ± 0,48 à 77,09 ± 0,68) que les valeurs L* du traitement AA dans les raviolis de blé dur fourrés pendant la même période (73,83 ± 0,94 à 76,25 ± 1,40), y compris les valeurs L* des raviolis de blé dur fourrés témoins.

La valeur a* des raviolis de contrôle sans garniture a légèrement augmenté (4,29 ± 0,09 à 5,05 ± 0,17), indiquant un léger déplacement vers le rouge (brunissement), tandis que les valeurs a* des raviolis de contrôle avec garniture ont diminué (2,53 ± 0,39 à 1,43 ± 0,22), indiquant un déplacement vers le vert accru (reflet de la garniture SC). Il a été signalé que le brunissement oxydatif à la surface des tranches de pommes était contrôlé par une diminution des valeurs L* et une augmentation des valeurs a* (Luo & Barbosa-Canovas, 1994).

Les valeurs a* pour les raviolis de blé dur avec garniture CD et AA ont suivi une ligne de tendance similaire à celle des raviolis de blé dur de contrôle avec garniture SC pendant la période de 5 jours. Le traitement CD a légèrement réduit les valeurs a* des raviolis de blé dur fourrés du jour 0 au jour 5 (2,08 ± 0,59 à 1,21 ± 0,33), par rapport au traitement AA pendant la même période (2,51 ± 0,41 à 2,17 ± 0,41).

Les valeurs b* des raviolis de contrôle au blé dur sans garniture ont connu une baisse légère mais constante tout au long de la période de 5 jours ($39,60 \pm 0,39$ à $37,24 \pm 0,45$), tandis que les raviolis de contrôle avec garniture ont montré une diminution rapide de b* des jours 0 à 3 ($38,94 \pm 0,76$ à $28,92 \pm 1,07$) et une diminution progressive après ($26,82 \pm 1,05$). Ce résultat indique que la garniture a amélioré le taux de brunissement, ce qui se traduit par une réduction plus rapide du jaunissement des raviolis au blé dur. La diminution plus importante des valeurs b* du contrôle avec farce peut refléter une contribution directe de la farce SC dans le taux de brunissement.

Les valeurs b* pour les raviolis de blé dur traités aux AA mesurent une valeur b* plus élevée sur jour-0 ($39,34 \pm 0,92$), tandis que les raviolis de blé dur avec CD mesurent une valeur b* inférieure ($33,81 \pm 1,16$). Cette différence initiale des valeurs b* de 5,53 unités indique que l'AA pourrait améliorer le jaunissement initial des raviolis au blé dur, ce qui est une caractéristique très souhaitable dans les pâtes au blé dur.

L'évaluation sensorielle a montré que les raviolis de blé dur de contrôle avec garniture étaient considérés comme acceptables par les juges avec une note de 10, ce qui indique l'absence de brunissement. Les raviolis de blé dur avec CD ont été jugés inacceptables le deuxième jour avec une note de 12, ce qui indique une augmentation de 20 % du brunissement, tandis que les raviolis de blé dur avec traitement AA sont devenus inacceptables le quatrième jour avec une note de 11, ce qui indique une augmentation de 10 % du brunissement. À partir des scores de magnitude pour les trois types d'affections évaluées, on peut déterminer que les juges sensoriels ont préféré la couleur visuelle des raviolis de contrôle aux raviolis de blé dur avec traitement CD et AA.

Le contrôle des raviolis WW avec garniture est devenu inacceptable le deuxième jour avec un score de 20, ce qui indique une augmentation de 100 % du brunissement. Les raviolis WW avec traitement CD ou AA sont devenus inacceptables le deuxième et le premier jour, respectivement, avec un score de 13 dans chaque cas, ce qui indique une augmentation de 30 % du brunissement. Les résultats de l'évaluation sensorielle étaient cohérents avec les résultats de la mesure instrumentale de la couleur L*, a*, b* comme indiqué dans le tableau 1, qui indiquait que les raviolis WW avec traitement CD présentaient le moins de brunissement par rapport aux raviolis avec traitement AA et le contrôle

Deuxième partie de l'objectif 2. La deuxième partie de l'objectif 2 de cette étude consistait à évaluer l'effet de brunissement des raviolis WW et durum avec et sans garniture aux trois fromages et l'efficacité des CD et

AA pour retarder le brunissement des raviolis WW.

Raviolis de blé entier (WW)

Les valeurs L* ont diminué progressivement en association avec le brunissement dans les quatre combinaisons de WW sur une période de 7 jours (figure 7 (A)). Les valeurs L* des raviolis témoins sans garniture du jour 0 au jour 7 étaient légèrement plus élevées (61,00 ± 0,42 - 50,88 ± 0,52) que celles des raviolis WW témoins avec garniture TC (60,19 ± 0,92 - 46,57 ± 3,00). Ce résultat indique que la farce TC augmente le noircissement de la farine de blé entier, mesuré par des valeurs L* plus faibles les jours 0 à 7. La garniture CT a amélioré le brunissement des raviolis WW, mais dans une moindre mesure que les raviolis WW témoins avec et sans garniture SC.

Les valeurs L* pour les raviolis WW avec garniture TC du traitement CD et AA indiquent que les deux traitements ont légèrement augmenté la L* au jour 0 (62,13 ± 0,79 et 61,61 ± 0,44, respectivement) par rapport aux raviolis témoins avec garniture L* (60,19 ± 0,92). Les valeurs L* des raviolis traités par la CD sont restées constamment supérieures aux valeurs L* des raviolis témoins avec garniture et des raviolis traités par les AA pendant la période de 7 jours. Le dextrose cultivé a semblé retarder et réduire la diminution des valeurs L* plus efficacement que le traitement aux AA. Le traitement à l'acide ascorbique a favorisé un brunissement plus important que celui des raviolis témoins fourrés au TC.

Les valeurs a* des raviolis WW témoins sans garniture ont légèrement fluctué sur la période de 7 jours, passant de 8,61 ± 0,19 à 8,70 ± 0,11, tandis que les raviolis témoins avec garniture ont montré une forte diminution des valeurs a* des jours 0 à 3 (10,13 ± 0,27 à 3,94 ± 0,82), se stabilisant ensuite jusqu'au 7e jour (3,18 ± 0,68). Les résultats ont indiqué que les raviolis de contrôle sans garniture présentaient un changement négligeable des valeurs a* (passage au rouge), alors que les raviolis de contrôle avec garniture TC ont montré une baisse plus importante des valeurs a* (passage au vert accru). Il a déjà été signalé qu'une diminution des valeurs L* et une augmentation des valeurs a* indiquent un brunissement oxydatif progressif à la surface des pommes tranchées ; cependant, pour les pâtes WW farcies, le comportement inverse s'est produit.

Les valeurs a* des raviolis WW avec garniture TC traités par CD et AA ont fortement diminué par rapport aux valeurs a* des raviolis témoins avec garniture. Cependant, le traitement CD a maintenu des valeurs a* légèrement plus élevées pendant la période de 7 jours.

Les valeurs b* des raviolis de contrôle sans garniture étaient inférieures à celles des raviolis de contrôle avec garniture TC qui ont fortement chuté entre le jour 0 et le jour 3, passant de 28,04 ± 0,78 à 15,07 ± 2,17, puis ont progressivement diminué jusqu'au jour 7. La diminution plus importante des valeurs b* indique l'effet positif de la garniture TC sur le taux de brunissement des raviolis WW.

L'effet des traitements CD et AA dans le contrôle d'une diminution des valeurs b* des raviolis WW avec garniture TC a été bref, car l'efficacité des deux traitements a diminué pendant la période de 7 jours. Le traitement AA a légèrement amélioré les valeurs b* des raviolis WW fourrés le jour 0 ; cependant, l'efficacité des AA a rapidement été réduite et a donc favorisé une forte diminution des valeurs b*. Des recherches antérieures ont indiqué qu'une fois que la capacité antioxydante des AA s'épuise, elle peut induire un brunissement supplémentaire des produits à base de blé (Feillet et al., 2000 ; Vadlamani & Seib, 1996).

Raviolis Durum

Les valeurs L* pour les raviolis de blé dur de contrôle sans garniture ont diminué progressivement au cours de la période de 7 jours, passant de 71,15 ± 0,35 à 63,81 ± 1,01, tandis que les valeurs L* pour les raviolis de blé dur de contrôle avec garniture ont augmenté de 73,79 ± 0,91 à 74,75 ± 1,20. L'augmentation des valeurs L* des raviolis de blé dur fourrés SC pourrait être due à l'effet de la garniture qui pourrait rendre les raviolis plus légers à mesure que l'eau de la garniture migre dans la pâte à raviolis, rendant ainsi les raviolis plus opaques et plus légers.

Une augmentation de la valeur L* similaire à celle décrite précédemment pour les raviolis de blé dur de contrôle avec garniture a également été constatée dans les raviolis de blé dur traités aux CD et AA pendant la période de 7 jours. Les valeurs L* pour les raviolis de blé dur traités par la MC et l'AA ont indiqué que les deux traitements inhibaient le brunissement dans une certaine mesure, comme le montre l'augmentation constante des valeurs L*. Ces résultats ont également indiqué que les deux traitements CD et AA étaient efficaces pour contrôler le brunissement des raviolis de blé dur.

Les valeurs a* pour les raviolis de contrôle sans garniture ont progressivement augmenté au cours de la période de 7 jours, tandis que les valeurs a* pour les raviolis de contrôle avec garniture TC ont diminué. Ce comportement inverse (augmentation et diminution des valeurs a*) des raviolis au blé dur avec et sans garniture pourrait être attribué à la migration de l'humidité de la garniture dans la pâte à raviolis, favorisant ainsi une diminution des rougeurs. Les traitements CD et AA ont eu des effets relativement faibles sur les valeurs a* des raviolis de blé dur fourrés au TC par rapport aux raviolis témoins fourrés au TC (figure 8 (B)).

Les valeurs b* des deux raviolis de blé dur de contrôle, avec et sans garniture, ont fortement diminué les jours 0-3, et ont progressivement diminué par la suite. Les valeurs b* des raviolis de contrôle avec garniture étaient plus élevées (44,15 ± 0,52 à 39,94 ± 1,65) aux jours 0-2, par rapport aux valeurs b* (38,93 ± 0,42 à 38,17 ± 0,23) des raviolis de contrôle sans garniture ; mais ce comportement s'est inversé, car les valeurs b* des raviolis de contrôle au blé dur avec garniture TC ont progressivement diminué pour atteindre des valeurs b* inférieures aux valeurs b* des raviolis de contrôle sans garniture (32,71 ± 2,20 et 36,05 ± 0,74, respectivement).

La valeur b* des raviolis de blé dur traités aux AA était plus élevée le jour 0 (44,45 ± 0,83) que celle du traitement aux CD (38,94 ± 0,68). Il convient de noter qu'au 7e jour, les valeurs b* des raviolis de blé dur traités par CD ou AA étaient inférieures aux valeurs b* du témoin avec garniture TC, en particulier les valeurs b* des raviolis de blé dur avec traitement CD, ce qui indique un effet négatif sur le jaunissement des raviolis de blé dur. Il convient de noter que lorsque l'on compare les valeurs b* des raviolis de blé dur avec traitement CD ou AA aux raviolis de blé dur de contrôle avec garniture TC, il apparaît qu'aucun traitement n'est nécessaire pour les raviolis de blé dur avec garniture TC puisque les traitements CD et AA diminuent encore les valeurs b* des raviolis de blé dur, les rendant moins jaunes (couleur désirable).

Les résultats de l'évaluation sensorielle des raviolis de blé dur de contrôle avec une garniture TC sont devenus inacceptables le deuxième jour, avec un score de 13, tandis que les raviolis de blé dur avec des traitements CD et AA sont devenus inacceptables le cinquième jour, avec des scores de 13 et 12, respectivement. Ce résultat indique que tous les raviolis de blé dur, quel que soit le traitement, sont devenus inacceptables lorsque leur degré de brunissement (légèreté) a augmenté de 20 % (raviolis de blé dur traités aux AA) et de 30 % (raviolis de contrôle fourrés et raviolis traités aux CD). Les résultats ont clairement indiqué que les raviolis de contrôle avec garniture brunissaient plus tôt que les raviolis de blé dur avec traitement CD ou AA, et que le traitement AA était préféré au traitement CD.

Les résultats de l'évaluation sensorielle (notation de l'amplitude) étaient conformes aux résultats des mesures instrumentales de la couleur L*, a*, b*, comme le montre le tableau 1, qui indique que les raviolis de blé dur témoins mesuraient des valeurs L* plus faibles et des valeurs a* et b* plus élevées, reflétant ainsi visuellement plus de brunissement le deuxième jour que les raviolis de blé dur avec des traitements CD ou AA.

Les résultats de l'évaluation sensorielle des raviolis WW avec garniture TC ont indiqué que tous les raviolis sont devenus inacceptables le premier jour, en raison de l'intensité du brunissement. Les raviolis WW témoins ont reçu un score de 18, et les raviolis WW avec traitement CD ou AA ont reçu des scores de 22 et 29, respectivement. Il est évident, d'après les scores de magnitude sensorielle visuelle des juges, que le traitement AA était le moins efficace pour contrôler le brunissement oxydatif, comme le montre le score élevé, qui indiquait une augmentation de près de 190 % de la brillance, tandis que les scores des raviolis avec traitement CD et du contrôle avec farce indiquaient une augmentation de 120 % et 80 % de la brillance, respectivement.

Dans l'ensemble, **les** résultats de l'évaluation sensorielle des raviolis de blé dur et de blé tendre avec différentes garnitures et différents traitements ont indiqué que les raviolis de blé tendre brunissaient plus rapidement que les raviolis de blé dur. En outre, les résultats ont également indiqué que les raviolis au blé dur fourrés avec une garniture SC et TC étaient visuellement inacceptables en raison de la décoloration plus claire au centre et de la couleur plus brune sur les bords. Pour les raviolis au blé dur fourrés SC et TC, le CD a également obtenu des scores plus élevés que le traitement AA, ce qui indique un effet négatif sur le produit visé. À l'inverse, les raviolis WW fourrés SC et TC avec un traitement CD ont obtenu des résultats inférieurs, ce qui indique un meilleur contrôle du brunissement par oxydation.

Objectif 3. Le troisième objectif de cette étude était d'évaluer l'efficacité de la pasteurisation pour limiter le brunissement oxydatif des raviolis frais WW et durum MAP contenant des CD et fourrés d'une farce à base de tomates séchées au poulet (CST) ou d'une farce SC. Les valeurs CIE L*, a*, b* pendant le stockage réfrigéré ont été mesurées pendant 8 semaines au maximum pour les raviolis WW et durum.

Les valeurs L*, a* et b* de la figure 10 pendant les 8 semaines de mesure de la couleur ont indiqué de légères variations de couleur pour le blé dur et les raviolis WW, principalement dans les raviolis WW. Les valeurs L* pour les raviolis de blé dur pasteurisés et emballés sous atmosphère modifiée et les raviolis WW ont légèrement diminué tout au long de la période de 8 semaines. Cela reflète clairement l'efficacité du traitement thermique et de l'emballage MAP pour inhiber le brunissement induit par la PPO. La légère diminution des valeurs L* pendant la période de 8 semaines était probablement due au vieillissement progressif des raviolis dû à l'oxydation et au vieillissement, et non à un brunissement enzymatique.

Il est clair que le traitement thermique a éliminé les réactions de brunissement (pigmentation noire) associées à l'activité de la PPO, telles qu'elles se sont manifestées dans les raviolis frais de la WW.

Les valeurs a* pour le blé dur et le blé dur avec garnitures ont légèrement changé au cours de la période de 8 semaines, comme le montre la figure 10 (B). Les valeurs a* pour les raviolis au blé dur fourrés à la sauce SC ont mesuré des valeurs négatives, ce qui indique un passage au vert (diminution du rouge), tandis que les valeurs a* pour les raviolis WW fourrés à la sauce CST ont indiqué un passage au rouge (diminution du vert). La légère augmentation des valeurs a* (6,73 ± 0,21 à 7,43 ± 0,96) des raviolis WW pendant les 8 semaines était probablement due au vieillissement progressif des raviolis dû à l'oxydation et au vieillissement, et non à un brunissement enzymatique. L'effet de la garniture SC sur les valeurs a* des raviolis au blé dur a été démontré par une diminution constante mais légère des valeurs a* (-0,65 ± 0,22 à -0,40 ± 0,27).

Les valeurs b* des raviolis de blé dur ont légèrement diminué au cours de la période de 8 semaines (de 26,91 ± 1,00 à 26,75 ± 0,59). Bien que les valeurs b* des raviolis de blé dur traités thermiquement aient diminué par rapport aux valeurs b* (jour 0) des raviolis de blé dur testés dans les objectifs 1 et 2 de cette étude, l'effet du traitement thermique s'est avéré très efficace pour contrôler le brunissement oxydatif des raviolis de blé dur. Les valeurs b* des raviolis WW ont montré des changements relativement négligeables tout au long de la période de 8 semaines (25,90 ± 0,69 à 27,47 ± 0,78) ; ce qui indique également l'efficacité du traitement thermique pour inhiber le brunissement enzymatique des raviolis WW. Des rapports précédents ont affirmé que la méthode la plus efficace pour inactiver la PPO est le traitement thermique (McEvily & Iyengar, 1992).

Objectif 4. Le quatrième objectif de cette étude était d'évaluer l'utilisation du spectrophotomètre colorimétrique (valeurs CIE L*, a*, b*) pour mesurer le brunissement oxydatif en fonction du temps sur des raviolis WW frais, avec diverses garnitures, et l'efficacité des traitements antioxydants.

La mesure de la couleur des raviolis WW et durum à l'aide d'un spectrophotomètre colorimétrique, exprimée par des échelles de couleur L*, a*, b*, a fourni des méthodes objectives, quantifiables et précises pour mesurer le brunissement des raviolis (L*) tout au long de cette étude. Les valeurs L* étaient les plus indicatives pour mesurer le brunissement oxydatif en fonction du temps. Feillet et al. (2000) ont rapporté que les pâtes brunâtres sont caractérisées par de faibles valeurs L*. Les valeurs a*, en raison de changements négligeables au cours de cette période d'étude, étaient moins indicatives du brunissement progressif des raviolis WW ou durum. Les valeurs b* des raviolis WW ont diminué de façon constante en association avec le brunissement, comme l'ont déjà signalé des chercheurs qui ont constaté qu'une diminution des valeurs L* était positivement corrélée à une diminution des valeurs b* (Fuerst, Anderson et Morris, 2006). Pour les raviolis au blé dur, les valeurs b* ont diminué en association avec une diminution du jaunissement (augmentation du bleu), indépendamment d'une augmentation des valeurs L* (clarté ou blancheur).

Les changements de couleur des raviolis frais WW et durum avec diverses garnitures et traitements antibrunissement (CD et AA) ont été suivis par la mesure des valeurs L*, a*, b* pendant plusieurs jours de stockage à 38 °F. Les résultats de l'étude ont montré qu'il y avait des différences notables dans le taux de brunissement oxydatif entre les raviolis WW et durum associés à des farces et des traitements antibrunissement.

Les résultats ont indiqué que le taux de brunissement pour les deux types de raviolis témoins, WW et durum, sans farce, était progressif sur 20 jours de stockage réfrigéré. Le brunissement rapide s'est produit au cours des trois premiers jours pour les raviolis témoins WW, tandis que pour les raviolis de blé dur, le brunissement s'est produit au cours des six premiers jours. Dans les deux cas, les valeurs L* ont rapidement diminué en association avec le brunissement oxydatif, de même que les valeurs a* et b* (figures 1-3). Ce résultat est conforme aux résultats précédents, qui ont montré que des valeurs L* inférieures et des valeurs a* supérieures indiquaient un brunissement progressif à la surface des tranches de pomme (Luo & Barbosa-Canovas, 1994). Il confirme également d'autres résultats qui suggèrent qu'une diminution des valeurs L* et b* indique un brunissement progressif des nouilles orientales (Fuerst et al., 2006 (b)). Les raviolis WW et durum traités avec la CD ont suivi une ligne de tendance au brunissement similaire à celle des témoins, mais ont systématiquement mesuré des valeurs L* et b* plus faibles, et des valeurs a* plus élevées, ce qui indique que la CD n'est pas efficace pour retarder ou contrôler le brunissement oxydatif.

Les résultats ont également indiqué que les deux types de farces, SC et TC, avaient un impact sur le taux de brunissement des raviolis par rapport aux raviolis témoins sans farce ; cependant, le taux de brunissement était plus rapide et plus profond dans les raviolis WW que dans les raviolis au blé dur. En outre, la garniture SC a augmenté l'ampleur du brunissement des raviolis WW plus que la garniture TC, comme l'indique la durée de conservation plus courte de 5 jours contre 7 jours. La différence d'effet des deux farces sur l'intensité du brunissement peut refléter une association positive avec la réaction biochimique induite par la PPO qui oxyde les composés phénoliques en quinones hautement réactives (Marques et al., 1995) qui à leur tour se polymérisent spontanément pour former des pigments bruns ou noirs (mélanine), ou réagissent avec des acides aminés et des protéines qui renforcent la couleur brune résultante (McEvily & Iyengar, 1992). La garniture SC peut avoir fourni un environnement plus riche pour les réactions induites par la PPO, qui ont entraîné une formation de pigments plus profonde et des mesures de couleur plus faibles, comme l'ont montré les raviolis WW avec la garniture SC.

L'effet des farces sur les raviolis de blé dur a été moins sévère, car les raviolis de blé dur ne présentaient pas de pigmentation brun foncé ou noire, mais plutôt une réaction inverse d'une augmentation de la clarté (L*) qui était plus importante avec la farce SC. Une diminution des valeurs b* et a* était également plus marquée pour le fourrage SC, ce qui reflète la diminution du jaunissement (assombrissement) des raviolis de blé dur. L'augmentation de la luminosité des raviolis de blé dur est peut-être due à la migration de l'humidité de la farce vers la pâte à raviolis, ce qui favorise la légèreté et la décoloration des pigments jaunes présents dans la farine de blé dur.

L'effet des traitements à base de CD et d'AA pour retarder ou réduire l'effet de brunissement des raviolis de la WW, avec l'un ou l'autre type de garniture, a été bref et a rapidement bruni une fois que les deux traitements ont perdu leur efficacité ; cependant, l'AA a montré un taux d'épuisement plus élevé. Ces résultats indiquent que l'AA à une concentration de 500 ppm n'était pas efficace pour inhiber le brunissement oxydatif induit par la PPO, ce qui est contraire aux résultats de recherches antérieures, qui indiquaient que l'AA à une concentration de 500 ppm était efficace pour retarder la décoloration des nouilles (Baik et al., 1995). En outre, l'effet observé de l'AA dans les raviolis WW est en accord avec les résultats précédents qui ont suggéré qu'une fois que la capacité antioxydante de l'AA s'épuise, elle peut induire un brunissement supplémentaire des produits à base de blé (Feillet et al., 2000;Vadlamani & Seib, 1996).

L'effet des traitements aux acides CD et AA dans les raviolis de blé dur était légèrement différent selon le type de garniture. L'effet des traitements anti-brunissement CD et AA dans les raviolis de blé dur avec une garniture SC a montré un comportement similaire en réduisant l'augmentation des valeurs L* (légèreté) et la diminution des valeurs a* et b*. Ces résultats indiquent que les traitements anti-brunissement CD et AA ont été tout aussi efficaces pour contrôler le brunissement des raviolis au blé dur fourrés à la garniture SC. Cependant, l'AA était plus efficace, car il a amélioré le jaunissement global (b*) des raviolis de blé dur et a diminué la décoloration (L*) des raviolis de blé dur traités par la CD et des raviolis de blé dur témoins avec garniture.

Dans les raviolis au blé dur fourrés au CT, les valeurs L*, a*, b* ont indiqué que l'AA avait un effet plus positif en contrôlant l'augmentation des valeurs L* et la diminution des valeurs b*, qui ont toutes deux été encore diminuées par le traitement au CT. En comparant les mesures de couleur des raviolis de blé dur témoins avec garniture et les mesures de couleur des raviolis de blé dur traités par CD ou AA, on peut déterminer qu'aucun des deux traitements antibrunissement n'a retardé ou inhibé efficacement le brunissement des raviolis, et qu'aucun traitement n'était donc nécessaire pour les raviolis de blé dur avec garniture TC.

Les résultats ont indiqué que le traitement thermique (pasteurisation) et le MAP inhibent le brunissement oxydatif du blé dur et des raviolis WW, comme le montrent les changements négligeables de L*, a, b tout au long des 8 semaines de stockage réfrigéré à 38 °F.

Dans l'ensemble, la combinaison du traitement thermique (pasteurisation) et du MAP s'est avérée être le traitement le plus efficace pour inhiber le brunissement oxydatif des raviolis WW et, dans une certaine mesure, des raviolis au blé dur. L'effet du traitement par CD dans les raviolis WW et les raviolis de blé dur était nul puisque la méthode la plus efficace pour contrôler le brunissement enzymatique est d'inactiver la PPO par traitement thermique (McEvily & Iyengar, 1992). L'emballage sous atmosphère modifiée a effectivement prolongé la durée de conservation des raviolis frais de blé dur et de blé entier.

Il convient de noter que les résultats de cette étude ont indiqué qu'en raison du brunissement oxydatif rapide que présentent les raviolis WW avec et sans garniture, le processus d'emballage sous atmosphère modifiée doit être effectué de façon intermédiaire après le façonnage des pâtes WW afin d'éviter le brunissement oxydatif irréversible potentiel qui aurait pu se produire dans les pâtes WW avant d'être emballées sous atmosphère modifiée.

CONCLUSIONS

La mesure de la couleur des raviolis de blé entier et de blé dur à l'aide d'un spectrophotomètre colorimétrique, exprimée par des échelles de couleur L*, a*, b*, a fourni des méthodes objectives, quantifiables et précises pour mesurer le brunissement des raviolis tout au long de cette étude. À partir des échelles de couleur L*, a*, b*, il a été déterminé qu'il y avait des différences notables dans le taux de brunissement oxydatif entre les raviolis WW et les raviolis durum associés aux farces et aux traitements antibrunissement. Dans les raviolis au blé dur, sans garniture, l'effet de brunissement est rapidement apparu à la surface des échantillons avec le temps, tandis que des traitements tels que le CD ont eu un impact négatif sur le taux de brunissement et une augmentation de la détérioration de la couleur. Un comportement similaire a été observé dans les raviolis WW, sans garniture, où le traitement au CD a constamment diminué la légèreté (L*) et le jaunissement (b*) des échantillons de raviolis.

Dans le cas des raviolis au blé dur, avec une garniture SC ou TC, des résultats similaires ont indiqué que le brunissement était en vigueur. Dans les deux types de farces, une augmentation de la légèreté au centre des raviolis a été observée, tandis que les bords des échantillons ont connu une diminution du jaunissement. Il a également été conclu que l'AA était un meilleur traitement que le CD et qu'il permettait de mieux contrôler la détérioration de la couleur.

Dans le cas des raviolis de la WW, avec une garniture TC, c'est exactement l'inverse qui s'est produit ; la CD avait un meilleur contrôle sur les échantillons que l'AA. Le traitement à la CD a constamment contrôlé et retardé la diminution de la légèreté, du jaunissement et de la rougeur, tandis que l'AA a considérablement favorisé le brunissement des raviolis WW. Les raviolis WW fourrés à la SC ont également bruni rapidement. L'évaluation sensorielle a montré que les juges ont jugé les raviolis au blé dur fourrés inacceptables en raison de l'augmentation de la légèreté et de la diminution du jaunissement après 5 jours. Les raviolis WW avec garniture étaient inacceptables en raison de la diminution substantielle de la légèreté après un jour. Les résultats des mesures colorimétriques instrumentales doivent être corrélés aux évaluations visuelles afin de déterminer l'acceptabilité optimale des couleurs.

La pasteurisation avec un emballage MAP, d'autre part, a éliminé le brunissement rapide par oxydation des raviolis WW et durum avec garniture et a effectivement prolongé la durée de conservation des deux classes de raviolis.

En résumé, cette étude a examiné les méthodes d'évaluation du changement oxydatif et évalué différentes stratégies pour les contrôler. Les résultats de cette étude indiquent que le brunissement oxydatif des raviolis WW se produit le plus rapidement dans les 24 heures suivant leur fabrication. Les changements oxydatifs se sont avérés indépendants des garnitures utilisées et de la présence des antioxydants AA ou CD. Le taux de brunissement oxydatif pourrait cependant être inhibé en pasteurisant les pâtes ou en combinant la pasteurisation avec le MAP. Là encore, l'inhibition était indépendante de la garniture des pâtes ou de la présence d'antioxydants. Sur la base de ces résultats, le conditionnement sous atmosphère modifiée, immédiatement après la pasteurisation, s'est avéré le plus efficace pour prévenir le brunissement oxydatif des raviolis WW et durum.

REMARQUE : Pour des résultats de données plus granulaires, se référer aux tableaux de l'annexe A et aux figures de l'annexe B, pages 71 et 80.

Tableau 1. Jours aux scores de magnitude inacceptable avec les valeurs CIE L*, a*, b* correspondantes pour les raviolis au blé dur et au blé complet pour l'objectif 1-2 (score d'estimation de la magnitude : 0 = pas de brunissement ; 15 = moitié moins sombre (50% d'augmentation de l'obscurité) ; 20 = deux fois plus sombre (100% d'augmentation de l'obscurité)).

Days to Unacceptable CIE L*, a*, b* Values Based on Magnitude Estimation Sensory Codes for Durum and Whole-Wheat (WW) Raviolis for Objectives 1& 2.

Durum and Whole-Wheat Raviolis Without Filling & Anti-browning Treatment

Wheat Type	Treatment	Days at 38 °F when Unacceptable	Units CIE Values When Unacceptable			Magnitude Scores Unacceptable Time
			L*	a*	b*	
Durum	No	4	70.75		33.68	
Durum	CD	2	67.82		32.71	
WW	No	2	61.75		22.50	
WW	CD*	2	56.10		22.72	

* CD = culture dextrose

Durum & Whole-Wheat Raviolis With Spinach-Cheese Filling & Anti-browning Treatments

Wheat Type	Treatment	Days at 38 °F	Units CIE Values When Unacceptable			Magnitude Scores at Unacceptable Time
			L*	a*	b*	
Durum	No	**	77.17		26.82	
Durum	CD	1	76.17		28.56	
Durum	AA	4	76.42		30.18	
WW	No	2	49.39		13.45	
WW	CD	2	59.11		18.55	
WW	AA	1	55.68		22.37	

*AA = ascorbic acid
**1 ravioli samples still acceptable at end of study period

Durum & Whole-Wheat Raviolis With Three-Cheese Filling & Anti-browning Treatments

Wheat Type	Treatment	Days at 38 °F	Units CIE Values When Unacceptable			Magnitude Scores Unacceptable Time
			L*	a*	b*	
Durum	No	2	73.99		39.94	
Durum	CD	5	76.50		28.64	
Durum	AA	5	76.24		32.80	
WW	No	1	54.88		21.81	
WW	CD	1	59.57		23.97	
WW	AA	1	54.86		20.80	

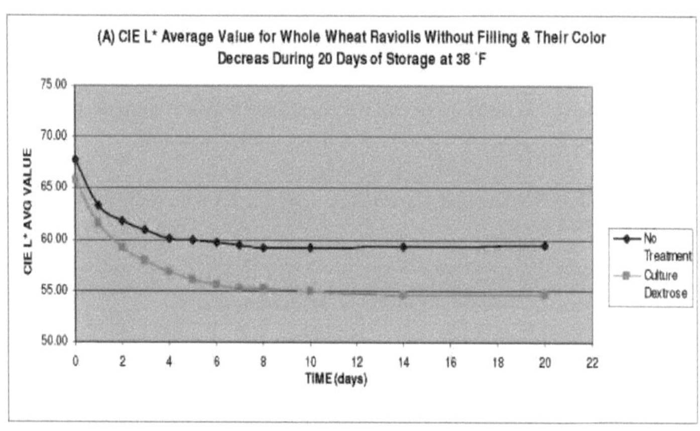

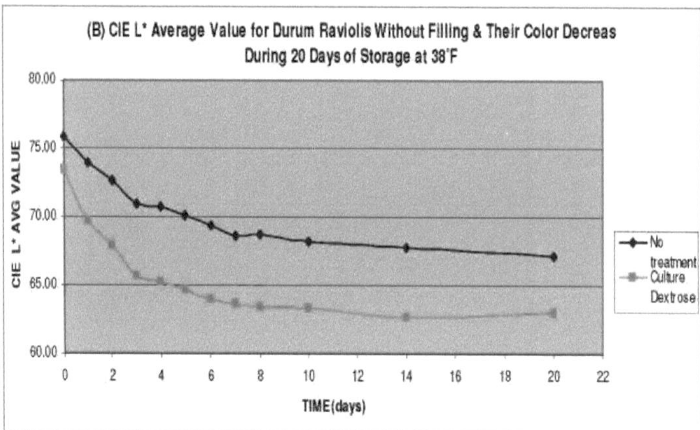

Figure 1. Brownness (L* Average value) of whole-wheat (A) and durum (B) raviolis made without filling, and the effect of cultured dextrose on ravioli browning stored at 38 ° F for 20 days (Objective 1).

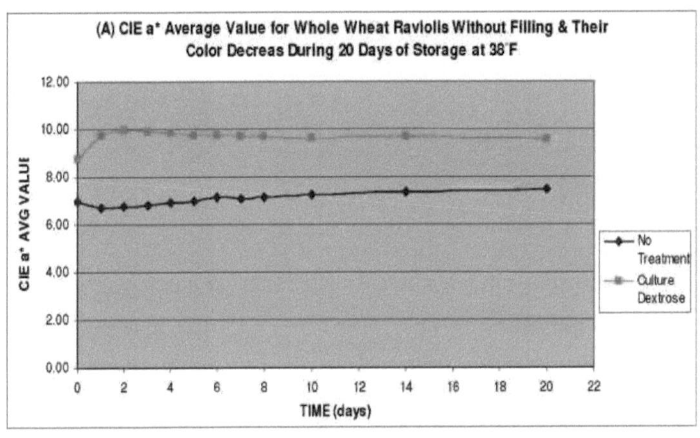

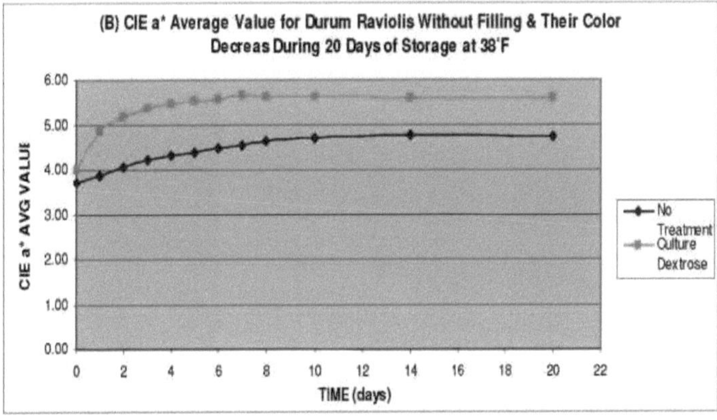

Figure 2. Redness (a* Average value) of whole-wheat (A) and durum (B) raviolis made without filling, and the effect of cultured dextrose on ravioli browning stored at 38 ° F for 20 days (Objective 1).

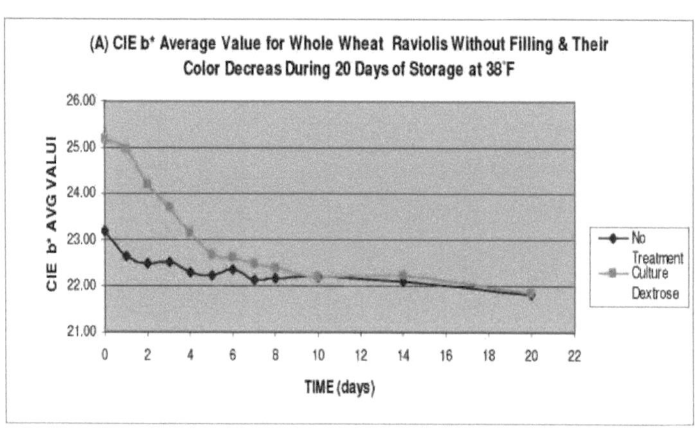

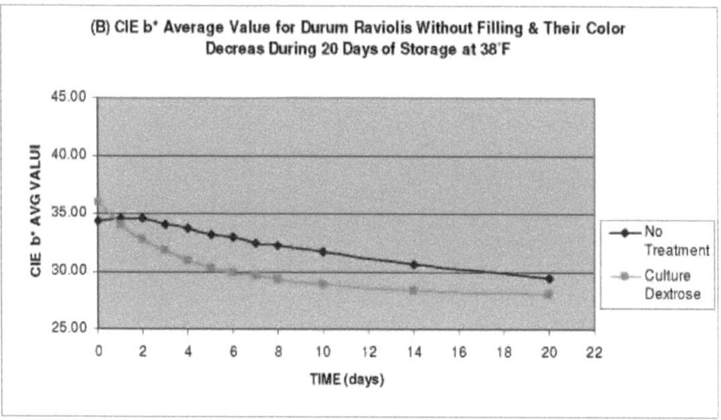

Figure 3. Yellowness (b* Average value) of whole wheat (A) and durum (B) raviolis made without filling, and the effect of cultured dextrose on ravioli browning stored at 38 ° F for 20 days (Objective 1).

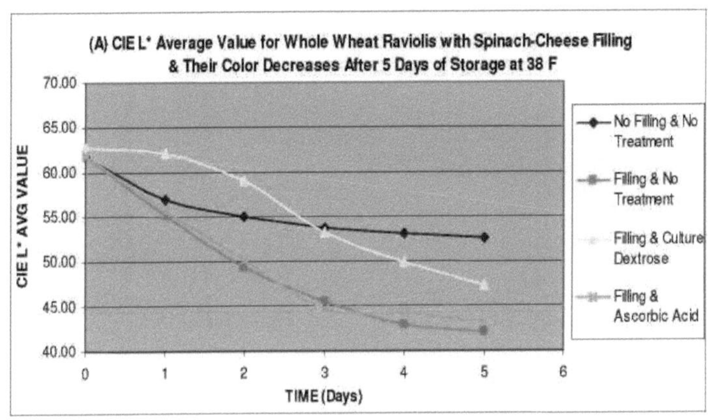

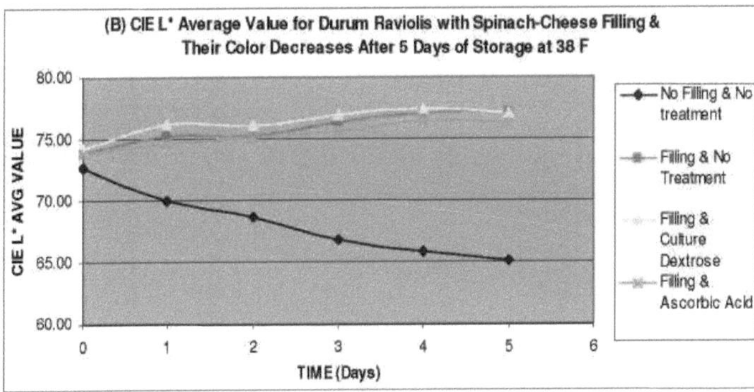

Figure 4. Brownness (L* Average value) of whole-wheat (A) and durum (B) raviolis made without and with spinach-cheese filling. The effect of no treatment, cultured dextrose and ascorbic acid treatments on ravioli browning stored at 38 ° F for 5 days (Objective 2).

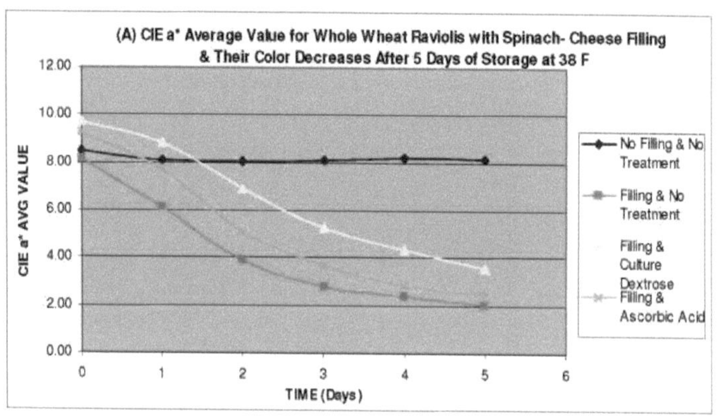

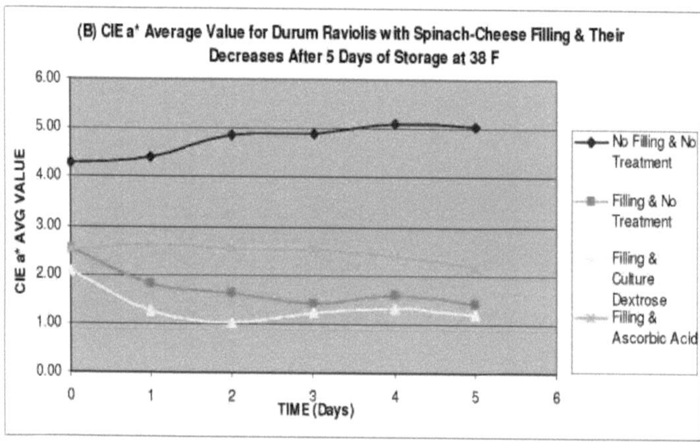

Figure 5. Redness (a* Average value) of whole-wheat (A) and durum (B) raviolis made with spinach-cheese filling. The effect of no treatment, cultured dextrose and ascorbic acid treatments on ravioli browning stored at 38 ° F for 5 days) (Objective 2).

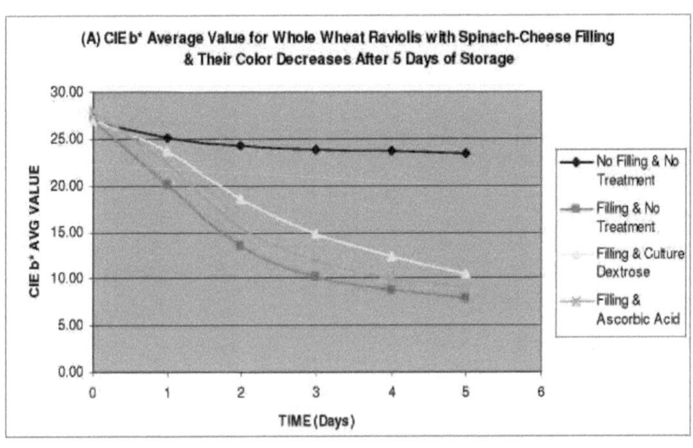

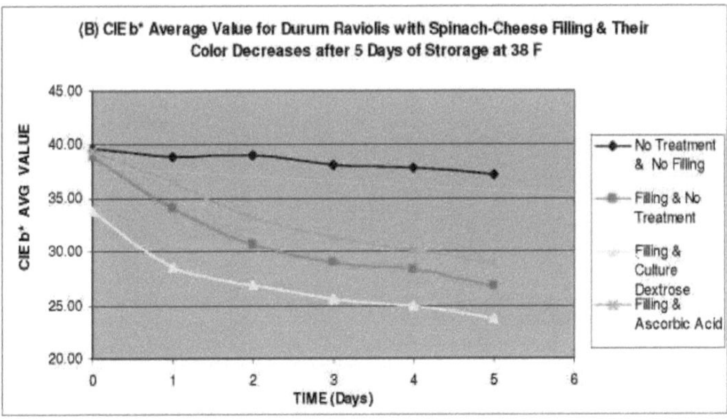

Figure 6. Yellowness (b* Average value) of whole-wheat (A) and durum (B) raviolis made with spinach-cheese filling. The effect of no treatment, cultured dextrose and ascorbic acid treatments on ravioli browning stored at 38 ° F for 5 days (Objective 2).

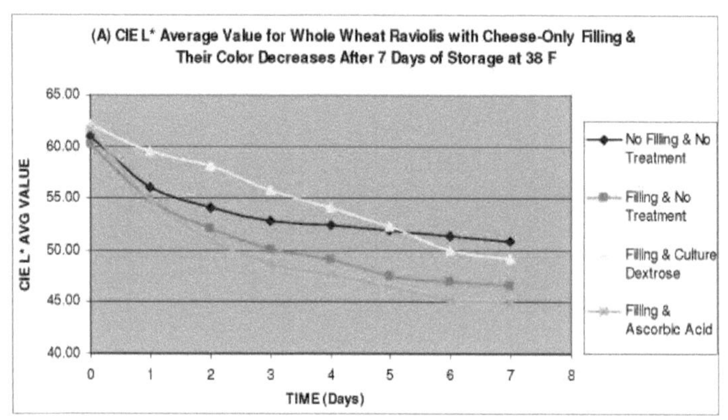

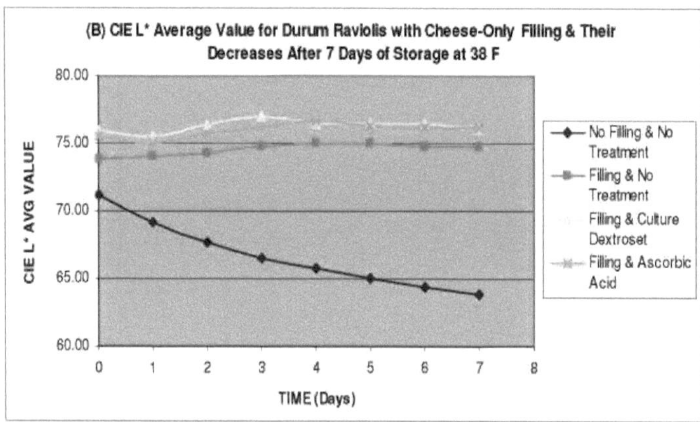

Figure 7. Brownness (L* Average value) of whole-wheat (A) and durum (B) raviolis made without and with three-cheese filling. The effect of no treatment, cultured dextrose and ascorbic acid treatments on ravioli browning stored at 38 ° F for 7 days (Objective 2).

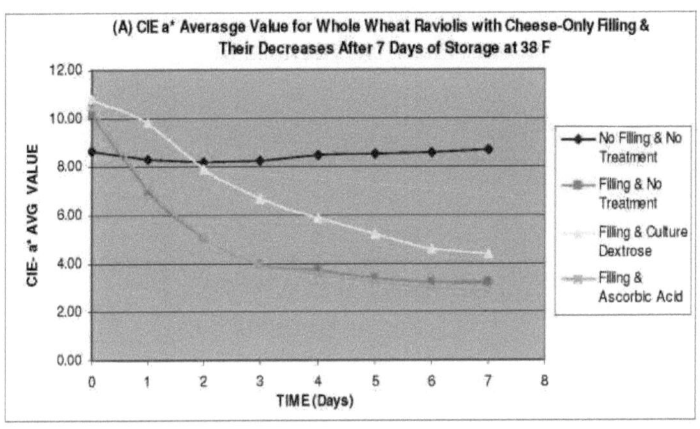

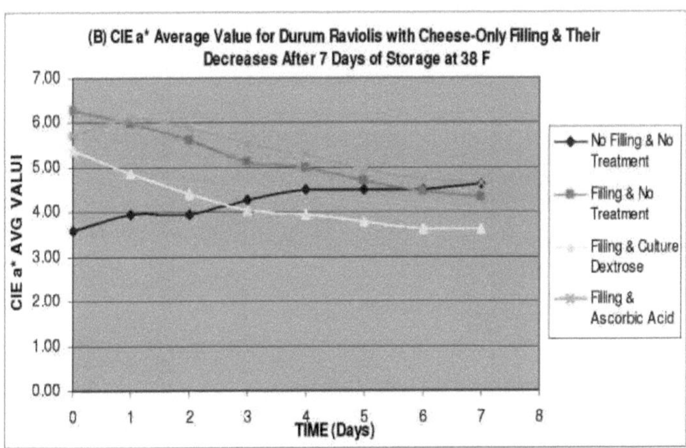

Figure 8. Redness (a* Average value) of whole-wheat (A) and durum (B) raviolis made without and with three-cheese filling. The effect of no treatment, cultured dextrose and ascorbic acid treatments on ravioli browning stored at 38 ° F for 7 days (Objective 2).

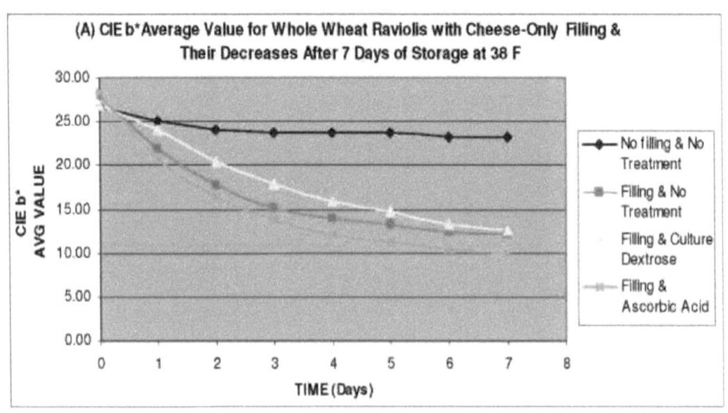

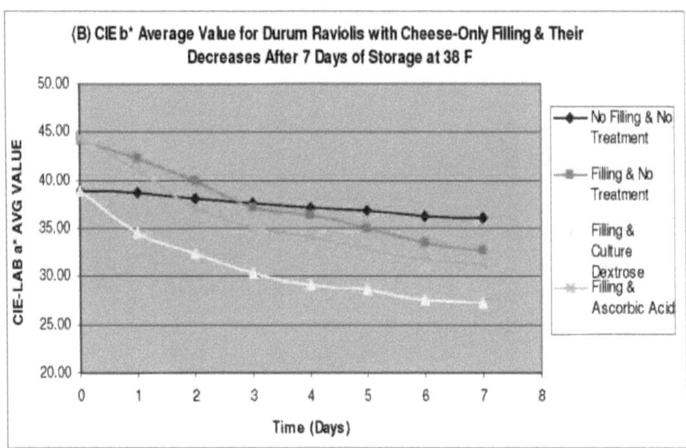

Figure 9. Yellowness (b* Average value) of whole-wheat (A) and durum (B) raviolis made without and with three-cheese filling. The effect of no treatment, cultured dextrose and ascorbic acid treatments on ravioli browning stored at 38 ° F for 7 days (Objective 2).

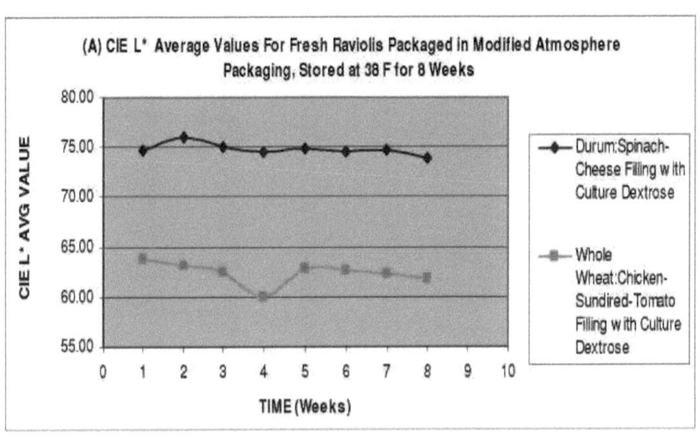

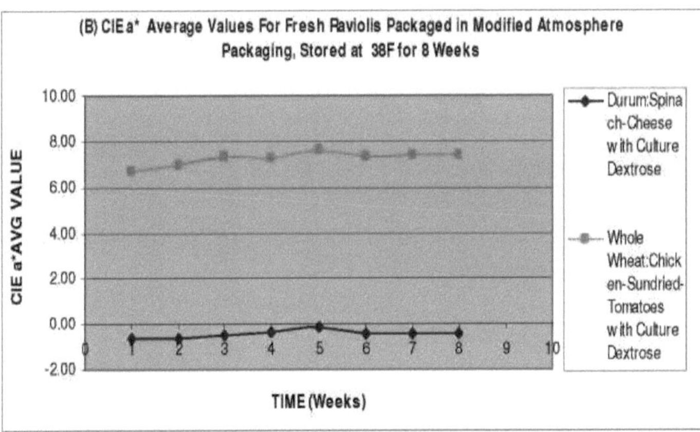

Figure 10. Evaluation of thermal treatment (pasteurization) in the development of brownness on whole-wheat and durum raviolis (L*(A), a* (B), b* (C)) filled with chicken-sundried-tomato and spinach-cheese fillings, treated with cultured dextrose, and packaged in modified atmosphere packaging (MAP) at 38 ° F for 8 weeks (Objective 3).

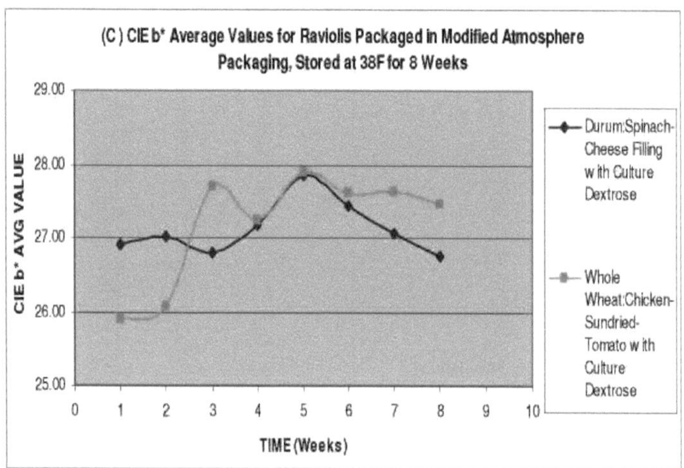

Figure 10. Continued- Evaluation of thermal treatment (pasteurization) in the development of brownness on whole-wheat and durum raviolis (L*(A), a* (B), b* (C)) filled with chicken-sundried-tomato and spinach-cheese fillings, treated with cultured dextrose, and packaged in modified atmosphere packaging (MAP) at 38 ° F for 8 weeks (Objective 3).

LITTÉRATURE CITÉE

Anderson, J. V., & Morris, C. F. (2001). Un essai amélioré sur les semences entières pour le dépistage de l'activité de la polyphénol oxydase dans le germoplasme du blé. *Crop Science, 41*, 1697-1705.

Baik, B-K., Czuchajowska, Z. & Pomeranz, Y. (1994). Comparaison de l'activité de la polyphénol oxydase dans les blés et les farines de cultivars australiens et américains. *Journal of Cereal Science, 19*, 291-226.

Baik, B-K., Czuchajowska, Z. & Pomeranz, Y. (1995). Décoloration de la pâte pour les nouilles orientales. *Journal of Cereal Science, 72* (2), 198-205.

Demeke, T., Morris, C. F., Campbell, K. G., King, F. E., Anderson, J. A. et Chang, H.-G. (2001). Polyphénol oxydase de blé : Distribution et cartographie génétique dans une population de trois lignées consanguines. *Crop Science, 41*, 1750-1757.

Feillet, P., Autran, J-C., & Icard-Verniere, C. (2000). Pâtes brunes : Une évaluation. *Journal of Cereal Science, 32* (3), 215-233.

Fuerst, P., Anderson, J. V., & Morris, C. (2006) (a). Polyphénol oxydase dans le grain de blé : Tests sur le grain entier et le son pour l'activité totale et soluble. *Cereal Chemistry 83* (1), 10-16.

Fuerst, P., Anderson, J. V., & Morris, C. (2006) (b). Délimiter le rôle de la polyphénol oxydase dans le noircissement des nouilles de blé alcalines. *Journal of Agriculture and Food Chemistry, 54*, 2378-2384.

Good, H. (2004, février/mars). Mesure pour s'assurer que la couleur reste correcte (Extrait). Food Quality Magazine. Consulté le 30 novembre 2005 sur http://www.hunterlab.com/pdf/Hal%20Reprint.pdf

Hatcher, D. W., & Kruger, J. E. (1997). Acide phénolique simple dans le sol préparé à partir de blé canadien : Relation avec la teneur en cendres, la couleur et l'activité de la polyphénol oxydase. *Cereal Chemistry, 74* (3), 337-343.

Kobrehel, K., Laignelet, B., & Feillet, P. (1974). Étude de certains facteurs de brunissement des macaronis. *Cereal Chemistry, 51*, 675-684.

Kruger, J. E., Anderso, M. H., & Dexter, J. E. (1994). Effet du raffinement de la farine sur la couleur et la texture des nouilles cantonales crues. *Cereal Chemistry, 71* (2), 177-182.

Lamkin, W. M., Miller, B.S., Nelson, S. W., Traylor, D. D. et Lee, S. (1981). Activités des polyphénols-oxydases des cultivars de blé dur rouge d'hiver, de blé tendre rouge d'hiver, de blé dur rouge de printemps, de blé blanc commun, de blé club et de blé dur. *Cereal Chemistry 58*(1), 27-31.

Liavoga, A., Kwon-Joong, Y., & Okot-Kotber, M. (2000). (Résumé) Isolation, purification et caractérisation de la polyphénol oxydase du son de blé (Triticum aestrivum var. prowers). Réunion annuelle de l'American

Association of Cereal Chemist, Inc. 2000. Consulté le 23 octobre 2005 sur http://www.aaccnet.org/meetings/2000/Abstracts/a00ma092.htm.

Luo, Y., & Barbosa-Canovas, G. V. (1994). Inhibition du brunissement des pommes et des tranches par le 4-hexylrésorcinol. *Dans Enzymatic Browning and Its Prevention,* Lee, C. Y., & Whitaker, J. R., Eds. ; American Chemical Society : Washington, DC, 1995, 240-250.

Marques, L., Fleuriet, A., & Macheix, J. J. (1995). Polyphénol-oxydase de fruits : Nouvelles données sur un vieux problème. *Dans Enzymatic Browning and Its Prevention,* Lee, C. Y., & Whitaker, J. R., Eds. ; American Chemical Society : Washington, DC, 1995, 90-102.

Marsh, D. R., & Galliard, T. (1986). Mesure de l'activité de la polyphénol oxydase dans la fraction meunière du blé. *Journal of Food* Science, *4*, 241-248.

Martinez, M. V., & Whitaker, J. R. (1995). La biochimie et le contrôle du brunissement enzymatique. *Trends in Food Science & Technology, 6, 195-200.*

Martz, S. A. & Larse, R. A. (1954). Évaluation de la couleur de la semoule à l'aide d'un réflectomètre photoélectrique.

Cereal Chemistry, 31, 73-85.

Matsuo, R. R., & Irvine, G. N. (1967). Macaroni Brownness. *Cereal Chemistry 44,* 78-85.

McEvily, J. A., & Iyengar, R. (1992). Inhibition du brunissement enzymatique dans les aliments et les boissons. *Critical Review in Food Science and Nutrition, 32*(2), 253-273.

Simeone, R., Pasqualone, A., Clodoveo, M. L., & Blanco, A. (2002). Cartographie génétique du blé tétraploïde à polyphénol oxydase. *Cellular & Molecular Biology Letters, 7, 763-769.*

Soliva-Fortuni, R. C., Grigelmo-Miguel, N., Odrizola-Serrano, I., Goristein, S. et Martin-Belloso, O. (2001). Browning evaluation of ready to eat apples as affected by modified atmosphere packaging. *Journal of Agricultural and Food Chemistry, 49* (8), 3685-3690.

Vandlamani, K. R., & Seib, P. A. (1996). Réduction du brunissement des nouilles orientales crues par le traitement du blé à la chaleur et à l'humidité. *Cereal Chemistry, 73* (1), 88-95.

Vilas-Boas, E, V. de B., & Kader, A. A. (2006). Effet de la modification atmosphérique, du 1-MCP et des produits chimiques sur la qualité de la banane fraîchement coupée. *Postharvest Biology and Technology, 39,* 155-162.

Walker, J. R. (1994). Le brunissement enzymatique des fruits : sa biochimie et son contrôle. Dans C. Y. Lee & J. R.

Whitaker (Eds.), *Enzymatic Browning and Its Prevention,* (pp. 8-21). Washington, DC : Chemical Society.

Walsh, D. E., Gilles, K. A., & Shuey, W. C. (1969). Détermination de la couleur des spaghettis par la méthode tristimulus. *Cereal Chemistry, 47,* 7-13.

Whitaker, J. R., & Lee, C. Y. (1995). Progrès récents dans la chimie du broyage enzymatique : Une vue d'ensemble.

Dans C. Y. Lee & J. R. Whitaker (Eds.), Enzymatic *Browning and Its Prevention,* (pp. 2-7). Washington, DC : Chemical Society.

RÉFÉRENCES SUR LE WEB

Pâtes professionnelles. Technologie des pâtes fraîches/pâtes fraîches emballées. (n.d.). Les étapes cruciales de la production et de la distribution commerciale. Consulté le 26 septembre 2005, à l'adresse http://www.professionalpasta.it/dir_3/3_techno/3_fresh/3_fpp00.htm

Traits de qualité. Couleur de la semoule/résistance à la rouille des feuilles. (n.d.). Consulté le 1er juin 2006 sur le site http://maswheat.ucdavis.edu/protocols/color/quality_color.htm

RÉSUMÉ ET RECOMMANDATIONS

Résumé

La mesure de la couleur des raviolis de blé entier et de blé dur au moyen d'un spectrophotomètre colorimétrique, exprimée par des échelles de couleur L*, a*, b*, a fourni des méthodes objectives, quantifiables et précises pour mesurer le brunissement des raviolis tout au long de cette étude. Les changements de couleur des raviolis frais WW et durum avec diverses farces et traitements anti-brunissement (CD et AA) ont été suivis par des valeurs L*, a*, b* pendant différents jours de stockage à 38 °F. Les résultats de l'étude ont montré qu'il y avait des différences notables dans le taux de brunissement oxydatif entre les raviolis WW et durum associés à des farces et des traitements antibrunissement.

Contrôle des raviolis de blé dur et de WW, sans farce Les valeurs L* ont diminué de façon constante au cours de la période de 20 jours, ainsi que les valeurs b*. Alors que les valeurs a* ont légèrement augmenté pour les deux contrôles. L'effet du traitement par CD a eu un effet négatif sur le taux de brunissement du blé dur et des raviolis WW, car il a augmenté la détérioration de la couleur des valeurs L*, ainsi que des valeurs b*. Les valeurs a* ont également augmenté pour les deux témoins.

Les deux types de farces, SC et TC, ont eu un impact sur le taux de brunissement des raviolis par rapport aux raviolis témoins sans farce ; cependant, le taux de brunissement était plus rapide et plus profond dans les raviolis WW que dans les raviolis au blé dur, qui étaient plus légers au centre et plus bruns sur les bords.

L'effet des traitements CD et AA pour retarder ou réduire l'effet de brunissement des raviolis WW, avec des farces SC ou TC, a été bref. Un brunissement rapide s'est produit une fois que les deux traitements ont perdu leur efficacité, cependant, l'AA a montré un taux d'épuisement plus élevé. Le traitement aux CD dans les raviolis WW avec une garniture SC ou TC a été plus efficace pour réduire l'intensité du brunissement des raviolis WW de contrôle respectifs. Le traitement AA, en revanche, n'était clairement pas un traitement antibrunissement efficace (500 ppm) pour les raviolis WW avec une garniture SC ou TC, où dans les deux cas, il a intensifié la formation de pigmentation brune et noire, comme le montrent les valeurs L*, a*, b* plus élevées.

Dans les raviolis de blé dur fourrés à la SC, les traitements CD et AA ont montré des effets similaires en contrôlant l'augmentation des valeurs L*, a*, b*. Cependant, les valeurs L* et b* ont indiqué que l'AA améliorait la couleur des raviolis de blé dur avec un traitement AA, parce qu'il réduisait l'augmentation des valeurs L* et empêchait la diminution supplémentaire des valeurs b* des raviolis de blé dur de contrôle avec garniture. De même, les raviolis de blé dur fourrés au CT ont également indiqué que l'AA avait des effets plus positifs en contrôlant l'augmentation des valeurs L* et la diminution des valeurs b*, qui ont toutes deux été encore diminuées par le traitement au CT. L'évaluation sensorielle a montré que les juges ont jugé les raviolis de blé dur inacceptables en raison de l'augmentation de la légèreté (L*) et de la diminution du jaunissement. Les raviolis WW ont été jugés inacceptables en raison de la diminution substantielle de la légèreté ou de l'augmentation de la couleur brune après une journée.

Le traitement thermique dans le cadre du processus d'emballage sous atmosphère modifiée a éliminé le brunissement des raviolis WW et durum avec garniture, qui dépendait du temps, et a effectivement prolongé la durée de conservation des deux catégories de raviolis, comme le montrent leurs valeurs L*, b*, a* négligeables pendant la période de 8 semaines.

En raison du brunissement oxydatif rapide que présentent les raviolis WW, avec et sans garniture, et avec et sans traitement antioxydant, le processus de conditionnement sous atmosphère modifiée doit être effectué de manière intermédiaire après le façonnage des pâtes WW afin d'éviter le brunissement oxydatif irréversible potentiel qui aurait pu se produire dans les pâtes WW avant d'être conditionnées sous atmosphère modifiée, comme l'indiquent les données recueillies dans la présente étude. Elle indique que le brunissement s'est produit le plus rapidement en un jour, indépendamment des farces ou des traitements antioxydants (CD ou AA).

Recommandations

Sur la base de l'analyse menée dans cette étude - les défis posés par l'industrie alimentaire face aux rejets de produits par les consommateurs et l'effet de brunissement des raviolis de pâtes fraîches WW - je recommande à Monterey Gourmet Food, Inc. d'instituer un nouveau processus de contrôle de la qualité qui consisterait en une série de critères de test et de mesure des produits en fonction du temps, axés sur la mesure des changements de couleur et des effets des traitements antioxydants, avant la production en masse de tout produit à base de pâte.

Il est fortement recommandé d'utiliser un spectrophotomètre colorimétrique de mesure des couleurs, tel que le Hunter Lab Colorflex® avec les échelles CIE L*, a*, b*, lors de la réalisation de ce type de tests afin d'obtenir des points de données précis et quantifiables. Il est essentiel de suivre la même méthode de préparation des échantillons et de suivre les mêmes techniques de présentation des échantillons à l'instrument Colorflex pour obtenir des mesures de couleur précises. En raison de la nature non uniforme des produits à base de blé, il est recommandé de mesurer 10 échantillons de pâtes, ce qui permettra d'obtenir des mesures adéquates pour les valeurs moyennes de l'ensemble d'échantillons de pâtes (lot). Un processus typique comprendrait les étapes suivantes :

1. Développer des échantillons de pâtes qui soient représentatifs des produits mis en circulation pour la production de masse.

2. Préparez les échantillons de pâtes de la même manière à chaque fois.

3. Test pour diverses conditions variables.

En outre, dans le cadre du processus d'évaluation des pâtes fraîches WW, il est recommandé d'évaluer minutieusement les types de traitements antibrunissement utilisés pour prévenir le brunissement oxydatif. Il est fortement suggéré que la MC n'est pas un bon traitement antioxydant dans les raviolis au blé dur ; cependant, elle a été légèrement plus efficace dans les raviolis WW, car elle a retardé le brunissement par rapport aux témoins avec farces ou aux raviolis WW traités aux AA. D'autre part, l'AA s'est révélé plus efficace pour le traitement antioxydant des raviolis de blé dur, car il a amélioré leur couleur globale, tandis que pour les raviolis WW fourrés au SP ou au TC, il a amplifié le brunissement oxydatif. Ces deux recommandations s'appliquent aux raviolis aux pâtes avec ou sans garniture.

Le traitement thermique dans le cadre du processus d'emballage sous atmosphère modifiée s'est avéré être l'inhibiteur le plus efficace du brunissement oxydatif pour les raviolis de blé dur et de blé tendre avec différentes garnitures, car il a éliminé le brunissement oxydatif et a prolongé efficacement la durée de conservation des deux types de raviolis de blé. Il est recommandé de continuer à utiliser ce procédé MAP pour traiter et inhiber le brunissement oxydatif des raviolis WW afin de prolonger la durée de conservation du produit et de minimiser le rejet du projet par les consommateurs. L'utilisation de la CD s'est avérée ne pas être un traitement efficace ; par conséquent, ce traitement antioxydant pourrait être éliminé de la formulation des raviolis, ce qui entraînerait une réduction globale des coûts pour l'entreprise. En outre, en raison de la sensibilité de la pâte WW au brunissement oxydatif, il est impératif qu'une fois la pâte préparée, elle soit assemblée en raviolis de pâtes et immédiatement emballée sous atmosphère modifiée (MAP) pour éviter le brunissement oxydatif qui pourrait se produire dans la pâte WW avant d'être emballée sous MAP.

ANNEXE A TABLEAUX

Tableau 2. Plan d'expérience pour évaluer l'effet de brunissement des raviolis de blé entier et de pâtes dures avec diverses garnitures, et l'effet du dextrose cultivé et de l'acide ascorbique sur le brunissement des raviolis.

Objective 1

Raviolis with No Filling

	Whole-Wheat Dough		Durum Dough	
Methods	No Filling	With Filling	No Filling	With Filling
No Treatment	XX		XX	
Cultured Dextrose*	XX		XX	

Objective 2

Raviolis with Spinach-Cheese Filling

	Whole-Wheat Dough		Durum Dough	
Methods	No Filling	With Filling	No Filling	With Filling
No Treatment	XX		XX	XX
Cultured Dextrose*		XX		XX
Ascorbic Acid (500 ppm)		XX		XX

Raviolis with Three-Cheese Filling

	Whole-Wheat Dough		Durum Dough	
Methods	No Filling	With Filling	No Filling	With Filling
No Treatment	XX		XX	XX
Cultured Dextrose*		XX		XX
Ascorbic Acid (500 ppm)		XX		XX

Objective 3

Raviolis Packaged in Modified Atmosphere Packaging (MAP)

	Whole-Wheat Dough		Durum Dough	
Methods	No Filling	With Filling	No Filling	With Filling
		Chicken-Sundried Tomato Filling		Spinach-Cheese Filling
Cultured Dextrose*		XX		XX

* Currently used in the product.

Tableau 3. Évaluation de l'efficacité du dextrose cultivé à limiter le brunissement oxydatif dans les raviolis de blé entier frais sans garniture conservés à 38 ° F (3,33 °C) pendant 20 jours, comme le montrent les variations des valeurs L*, a*, b*.

CIE L*, a*, b* Valeurs moyennes et écart-type sur l'échelle de couleur des raviolis de blé entier (n=10) sans remplissage et leur couleur diminue pendant 20 jours de stockage à 38 °F

CIE L* Valeurs moyennes

Traitement	Jours de stockage											
	0	1	2	3	4	5	6	7	8	10	14	20
Non	67.75 ±0.46	63.34 ±0.45	61.75 ±0.55	60.96 ±0.79	60.11 ±0.79	59.90 ±0.91	59.71 ±0.88	59.46 ±0.79	59.25 ±0.71	59.25 ±0.73	59.33 ±0.92	59.42 ±0.93
Cultured Dextrose	65.81 ±0.51	61.59 ±0.75	59.20 ±1.06	57.91 ±1.33	56.82 ±1.50	56.10 ±1.51	55.65 ±1.55	55.18 ±1.83	55.17 ±1.83	54.96 ±1.80	54.56 ±1.91	54.66 ±1.82

CIE a* Valeurs moyennes

Traitement	Jours de stockage											
	0	1	2	3	4	5	6	7	8	10	14	20
Non	6.96 ±0.22	6.69 ±0.19	6.75 ±0.20	6.82 ±0.26	6.96 ±0.25	6.99 ±0.27	7.11 ±0.29	7.08 ±0.32	7.16 ±0.31	7.24 ±0.32	7.36 ±0.31	7.46 ±0.31
Cultured Dextrose	8.74 ±0.25	9.71 ±0.36	9.93 ±0.37	9.89 ±0.39	9.83 ±0.35	9.74 ±0.34	9.71 ±0.37	9.68 ±0.32	9.68 ±0.32	9.61 ±0.34	9.66 ±0.32	9.55 ±0.29

CIE b* Valeurs moyennes

Traitement	Jours de stockage											
	0	1	2	3	4	5	6	7	8	10	14	20
Non	23.18 ±0.69	22.65 ±0.48	22.50 ±0.52	22.51 ±0.67	22.29 ±0.60	22.22 ±0.64	22.35 ±0.68	22.15 ±0.74	22.16 ±0.70	22.20 ±0.70	22.11 ±0.65	21.82 ±0.65
Cultured Dextrose	25.18 ±0.57	24.95 ±0.67	24.20 ±0.59	23.70 ±0.59	23.15 ±0.40	22.72 ±0.41	22.61 ±0.50	22.49 ±0.31	22.38 ±0.33	22.21 ±0.40	22.25 ±0.31	21.86 ±0.27

Tableau 4. Évaluation de l'efficacité du dextrose cultivé à limiter le brunissement oxydatif dans les raviolis de blé dur frais conservés à 38 ° F (3,33 °C) pendant 20 jours, comme le montrent les variations des valeurs L*, a*, b*.

CIE L*, a*, b* Valeurs moyennes et écart-type de l'échelle de couleur des raviolis Durum (n=10) sans remplissage et leur couleur diminue pendant 20 jours de stockage à 38 °F

CIE L* Valeurs moyennes

Traitement	Jours de stockage											
	0	1	2	3	4	5	6	7	8	10	14	20
Non	75.87 ±0.40	73.95 ±0.60	72.65 ±0.58	70.99 ±0.71	70.75 ±0.75	70.07 ±0.82	69.34 ±0.84	68.65 ±1.01	68.75 ±0.88	68.17 ±0.86	67.74 ±1.03	67.12 ±1.08
CD Cultured Dextrose	73.38 ±0.50	69.69 ±0.64	67.82 ±0.79	65.64 ±0.60	65.23 ±0.53	64.64 ±0.76	63.96 ±0.74	63.57 ±0.84	63.42 ±0.99	63.31 ±0.87	62.67 ±0.97	62.97 ±0.91

CIE a* Valeurs moyennes

Traitement	Jours de stockage											
	0	1	2	3	4	5	6	7	8	10	14	20
Non	3.72 ±0.10	3.87 ±0.14	4.07 ±0.15	4.22 ±0.16	4.31 ±0.16	4.38 ±0.17	4.49 ±0.17	4.54 ±0.18	4.63 ±0.16	4.70 ±0.18	4.77 ±0.19	4.74 ±0.16
Cultured Dextrose	4.01 ±0.07	4.85 ±0.13	5.19 ±0.19	5.36 ±0.22	5.45 ±0.25	5.52 ±0.20	5.55 ±0.22	5.64 ±0.31	5.62 ±0.24	5.61 ±0.24	5.60 ±0.24	5.59 ±0.23

CIE b* Valeurs moyennes

Traitement	Jours de stockage											
	0	1	2	3	4	5	6	7	8	10	14	20
Non	34.33 ±1.05	34.55 ±0.93	34.59 ±0.84	34.01 ±0.75	33.68 ±0.74	33.16 ±0.58	32.99 ±0.60	32.46 ±0.58	32.22 ±0.55	31.62 ±0.56	30.60 ±0.56	29.37 ±0.52
Cultured Dextrose	35.94 ±0.22	34.06 ±0.40	32.71 ±0.49	31.74 ±0.58	30.91 ±0.49	30.22 ±0.57	29.86 ±0.53	29.58 ±0.36	29.25 ±0.48	28.86 ±0.46	28.28 ±0.44	28.05 ±0.45

Tableau 5. Évaluation de l'effet du dextrose cultivé et de l'acide ascorbique dans le brunissement oxydatif des raviolis de blé entier frais fourrés aux épinards et au fromage conservés à 38 ° F (3,33 ° C) pendant 5 jours, comme le montrent les variations des valeurs L*, a*, b*.

CIE L*, a*, b* Valeurs moyennes et écarts types de l'échelle de couleurs pour les raviolis de blé entier (n= 10) avec garniture d'épinards

Valeurs CIE L

Traitement	Jours de stockage					
	0	1	2	3	4	5
Pas de remplissage et pas de traitement	61.78 ±0.81	56.90 ±0.85	54.99 ±0.73	53.70 ±0.81	53.14 ±0.84	52.57 ±0.98
Remplissage et absence de traitement	61.78 ±0.64	55.24 ±1.25	49.39 ±1.57	45.51 ±1.49	42.95 ±1.04	42.14 ±1.14
Remplissage et culture Dextrose	62.71 ±0.72	62.05 ±0.68	59.11 ±1.05	53.16 ±1.49	49.82 ±1.28	47.28 ±1.17
Remplissage et acide ascorbique	61.97 ±0.63	55.68 ±0.68	50.20 ±0.95	44.64 ±0.62	44.27 ±1.19	43.24 ±0.95

Valeurs de la CIE a

Traitement	Jours de stockage					
	0	1	2	3	4	5
Pas de remplissage et pas de traitement	8.51 ±0.32	8.08 ±0.33	8.04 ±0.25	8.07 ±0.25	8.18 ±0.28	8.17 ±0.26
Remplissage et absence de traitement	8.15 ±0.33	6.1 ±0.37	3.89 ±0.34	2.79 ±0.34	2.36 ±0.23	2.06 ±0.19
Remplissage et culture Dextrose	9.76 ±0.21	8.85 ±0.20	6.91 ±0.31	5.25 ±0.28	4.34 ±0.21	3.57 ±0.20
Remplissage et acide ascorbique	9.30 ±0.30	7.71 ±0.41	5.08 ±0.38	3.66 ±0.46	2.84 ±0.39	2.50 ±0.33

CIE b* Valeurs

Traitement	Jours de stockage					
	0	1	2	3	4	5
Pas de remplissage et pas de traitement	26.86 ±0.71	25.12 ±0.49	24.23 ±0.41	23.77 ±0.35	23.64 ±0.44	23.36 ±0.26
Remplissage et absence de traitement	26.97 ±0.46	20.07 ±1.22	13.45 ±1.29	10.17 ±1.33	8.71 ±0.99	7.93 ±0.85
Remplissage et culture Dextrose	26.95 ±0.53	23.74 ±0.52	18.55 ±0.81	14.72 ±0.84	12.29 ±0.65	10.48 ±0.56
Remplissage et acide ascorbique	28.03 ±0.87	22.37 ±1.11	15.45 ±1.10	11.96 ±1.19	9.90 ±1.12	9.01 ±0.94

Tableau 6. Évaluation de l'effet du dextrose cultivé et de l'acide ascorbique sur le brunissement oxydatif des raviolis au blé dur frais fourrés aux épinards et au fromage, conservés à 38° F (3,33° C) pendant 5 jours, comme le montrent les variations des valeurs L*, a*, b*.

CIE L*, a*, b* Valeurs moyennes et d'écart type de l'échelle de couleurs pour les raviolis durum (n= 10) avec garniture aux épinards

Valeurs CIE **L**

Traitement	Jours de stockage					
	0	1	2	3	4	5
Pas de remplissage et pas de traitement	72.71 ±0.65	69.96 ±0.41	68.63 ±0.31	66.89 ±0.45	65.85 ±0.56	65.10 ±0.527
Remplissage et absence de traitement	73.88 ±0.62	75.21 ±0.52	75.21 ±1.03	76.35 ±0.31	77.13 ±0.27	77.17 ±0.33
Remplissage et culture Dextrose	74.31 ±0.48	76.17 ±0.56	76.09 ±0.55	76.95 ±0.48	77.39 ±0.42	77.09 ±0.68
Remplissage et acide ascorbique	73.83 ±0.94	74.58 ±0.94	75.11 ±1.24	75.63 ±1.11	76.42 ±1.04	76.25 ±1.40

Valeurs de la CIE **a**

Traitement	Jours de stockage					
	0	1	2	3	4	5
Pas de remplissage et pas de traitement	4.29 ±0.09	4.39 ±0.09	4.85 ±0.12	4.88 ±0.11	5.09 ±0.12	5.05 ±0.17
Remplissage et absence de traitement	2.53 ±0.39	1.81 ±0.40	1.62 ±0.37	1.43 ±0.30	1.59 ±0.25	1.43 ±0.22
Remplissage et culture Dextrose	2.08 ±0.59	1.28 ±0.61	1.02 ±0.46	1.23 ±0.39	1.34 ±0.39	1.21 ±0.33
Remplissage et acide ascorbique	2.51 ±0.41	2.61 ±0.53	2.53 ±0.48	2.52 ±0.50	2.38 ±0.46	2.17 ±0.41

CIE **b*** Valeurs

Traitement	Jours de stockage					
	0	1	2	3	4	5
Pas de remplissage et pas de traitement	39.60 ±0.39	38.93 ±0.33	39.00 ±0.37	38.15 ±0.32	37.90 ±0.33	37.24 ±0.45
Remplissage et absence de traitement	38.94 ±0.76	34.08 ±1.19	30.69 ±1.38	28.92 ±1.07	28.30 ±1.15	26.82 ±1.05
Remplissage et culture Dextrose	33.81 ±1.16	28.56 ±1.46	26.95 ±0.91	25.58 ±0.95	24.89 ±0.94	23.73 ±0.96
Remplissage et acide ascorbique	39.34 ±0.92	36.55 ±1.27	33.15 ±1.41	31.31 ±1.17	30.18 ±1.11	28.88 ±1.12

Tableau 7. Évaluation de l'effet du dextrose cultivé et de l'acide ascorbique dans le brunissement oxydatif des raviolis de blé entier frais fourrés aux trois fromages et conservés à 38 ° F (3,33 ° C) pendant 7 jours, comme le montrent les variations des valeurs L*, a*, b*.

CIE L*, a*, b* Valeurs moyennes et écarts types de l'échelle de couleurs pour les raviolis de blé entier (n= 10) à trois garnitures.

CIE L* Valeurs moyennes

Traitement	Jours de stockage							
	0	1	2	3	4	5	6	7
Pas de remplissage et pas de traitement	61.00 ±0.42	56.06 ±0.59	54.06 ±0.66	52.88 ±0.55	52.47 ±0.60	51.90 ±0.54	51.34 ±0.53	50.88 ±0.52
Remplissage et absence de traitement	60.19 ±0.92	54.88 ±1.19	52.09 ±1.54	50.11 ±2.29	49.12 ±2.38	47.55 ±2.65	46.96 ±2.55	46.57 ±3.00
Remplissage et dextrose de culture	62.13 ±0.79	59.57 ±0.92	58.12 ±1.34	55.86 ±1.21	54.17 ±1.90	52.34 ±2.11	49.96 ±2.60	49.21 ±2.40
Remplissage et acide ascorbique	61.61 ±0.44	54.86 ±0.73	50.98 ±1.32	48.67 ±1.61	47.59 ±1.36	46.48 ±1.51	45.16 ±1.80	44.88 ±1.54

CIE a* Valeurs moyennes

Traitement	Jours de stockage							
	0	1	2	3	4	5	6	7
Pas de remplissage et pas de traitement	8.61 ±0.19	8.32 ±0.22	8.16 ±0.15	8.22 ±0.14	8.49 ±0.13	8.53 ±0.11	8.56 ±0.11	8.70 ±0.11
Remplissage et absence de traitement	10.13 ±0.27	6.99 ±0.57	5.05 ±0.83	3.94 ±0.82	3.68 ±0.74	3.38 ±0.76	3.19 ±0.77	3.18 ±0.68
Remplissage et dextrose de culture	10.76 ±0.28	9.83 ±0.55	7.93 ±1.04	6.65 ±1.12	5.87 ±1.05	5.21 ±0.92	4.62 ±0.91	4.40 ±0.79
Remplissage et acide ascorbique	10.44 ±0.13	7.15 ±0.38	5.09 ±0.69	3.95 ±0.69	3.54 ±0.68	3.18 ±0.50	2.95 ±0.61	2.84 ±0.49

CIE b* Valeurs moyennes

Traitement	Jours de stockage							
	0	1	2	3	4	5	6	7
Pas de remplissage et pas de traitement	26.61 ±0.44	24.96 ±0.31	24.11 ±0.23	23.75 ±0.20	23.67 ±0.23	23.67 ±0.19	23.19 ±0.17	23.17 ±0.16
Remplissage et absence de traitement	28.04 ±0.78	21.81 ±1.35	17.74 ±2.09	15.07 ±2.17	13.86 ±2.18	13.2 ±2.36	12.38 ±2.39	12.10 ±2.22
Remplissage et dextrose de culture	26.83 ±0.50	23.97 ±0.88	20.32 ±1.75	17.96 ±2.02	15.94 ±2.03	14.73 ±1.76	13.26 ±2.04	12.66 ±1.84
Remplissage et acide ascorbique	28.33 ±0.31	20.8 ±0.81	16.33 ±1.47	13.75 ±1.50	12.12 ±1.66	11.35 ±1.34	10.41 ±1.62	9.93 ±1.37

Tableau 8. Évaluation de l'effet du dextrose cultivé et de l'acide ascorbique sur le brunissement oxydatif des raviolis de blé dur frais fourrés aux trois fromages et conservés à 38° F (3,33° C) pendant 7 jours, comme le montrent les variations des valeurs L*, a*, b*.

CIE L*, a*, b* Valeurs moyennes et d'écart type de l'échelle de couleurs pour les raviolis Durum (n=10) avec trois remplissages.								
L* Valeurs moyennes								
Traitement	Jours de stockage							
	0	1	2	3	4	5	6	7
Pas de remplissage et Traitement	71.15 ±0.35	69.18 ±0.42	67.62 ±0.57	66.52 ±0.65	65.77 ±0.88	65.00 ±0.69	64.41 ±0.67	63.81 ±1.01
Remplissage et non traitement	73.79 ±0.91	73.99 ±0.90	74.21 ±1.16	74.76 ±1.07	75.05 ±1.23	74.97 ±1.08	74.76 ±1.45	74.75 ±1.20
Remplissage et Dextrose	75.99 ±0.94	75.52 ±1.07	76.33 ±1.40	77.01 ±1.13	76.49 ±1.06	76.50 ±0.92	76.48 ±0.72	76.03 ±1.09
Remplissage & Acide	75.52 ±0.80	75.03 ±0.72	75.79 ±0.78	76.18 ±0.81	76.65 ±1.35	76.24 ±1.11	76.22 ±0.99	76.21 ±0.64
CIE a* Valeurs moyennes								
Traitement	Jours de stockage							
	0	1	2	3	4	5	6	7
Pas de remplissage et Traitement	3.57 ±0.22	3.95 ±0.33	3.96 ±0.25	4.28 ±0.20	4.49 ±0.20	4.50 ±0.21	4.51 ±0.19	4.65 ±0.26
Remplissage et non traitement	6.28 ±0.17	5.99 ±0.26	5.62 ±0.44	5.13 ±0.51	5.01 ±0.48	4.70 ±0.54	4.47 ±0.58	4.35 ±0.59
Remplissage et Dextrose	5.38 ±0.39	4.85 ±0.51	4.42 ±0.57	4.03 ±0.51	3.93 ±0.47	3.787 ±0.48	3.63 ±0.28	3.60 ±0.37
Remplissage & Acide	5.73 ±0.41	6.11 ±0.62	5.89 ±0.71	5.52 ±0.63	5.30 ±0.64	4.97 ±0.67	4.74 ±0.53	4.67 ±0.51
CIE b* Valeurs moyennes								
Traitement	Jours de stockage							
	0	1	2	3	4	5	6	7
Pas de remplissage et Traitement	38.93 ±0.42	38.74 ±0.65	38.17 ±0.23	37.59 ±0.35	37.14 ±0.70	36.77 ±0.54	36.25 ±0.53	36.05 ±0.74
Remplissage et non traitement	44.15 ±0.52	42.20 ±0.94	39.94 ±1.65	37.22 ±2.18	36.37 ±1.95	35.05 ±2.15	33.48 ±2.21	32.71 ±2.20
Remplissage et Dextrose	38.94 ±0.68	34.60 ±1.24	32.33 ±1.60	30.39 ±1.40	29.07 ±1.56	28.637 ±1.24	27.58 ±0.78	27.28 ±0.96
Remplissage & Acide	44.45 ±0.83	40.98 ±1.74	37.11 ±1.92	35.19 ±1.32	34.03 ±1.36	32.8 ±1.19	31.70 ±1.18	31.22 ±1.10

Tableau 9. Évaluation du traitement thermique (pasteurisation) dans le développement du brunissement sur des raviolis de blé entier et de blé dur remplis respectivement de tomates séchées au poulet (CST) et de fromage d'épinards (SC), avec traitement au dextrose de culture, et emballés dans un emballage sous atmosphère modifiée (MAP) (stocké à 38 ° F (3,33 °C) pendant 8 semaines).

PAQUET EN ATMOSPHÈRE MODIFIÉE (CARTE) RAVIOLIS AVEC DIVERSES GARNITURES
Valeurs moyennes CIE L*, a*, b* pour les raviolis de blé entier (WW) et de blé dur avec diverses garnitures et leur couleur diminue après 8 semaines de stockage à 38 °F

CIE L* Average Valeurs

Formulation	Traitement	Remplissage	Semaines de stockage (jours)							
			1 (0 jour)	2 (7 jours)	3 (14 jours)	4 (21 jours)	5 (28 jours)	6 (35 jours)	7 (42 jours)	8 (49 jours)
Durum	CD	SC	74.73 ±0.96	76.01 ±0.76	75.02 ±1.55	74.52 ±0.75	74.84 ±1.29	74.59 ±1.71	74.64 ±1.42	73.85 ±1.33
WW	CD	CST	63.76 ±1.21	63.19 ±0.98	62.46 ±0.81	59.99 ±1.26	62.80 ±1.24	62.65 ±0.66	62.36 ±1.11	61.87 ±1.46

CIE a* Average Valeurs

Formulation	Traitement	Remplissage	Semaines de stockage (jours)							
			1 (0 jour)	2 (7 jours)	3 (14 jours)	4 (21 jours)	5 (28 jours)	6 (35 jours)	7 (42 jours)	8 (49 jours)
Durum	CD	SC	- 0.65 ±0.22	- 0.66 ±0.28	- 0.49 ±0.23	- 0.38 ±0.21	- 0.16 ±0.17	- 0.41 ±0.23	- 0.42 ±0.31	- 0.40 ±0.27
WW	CD	CST	6.73 ±0.21	6.96 ±0.40	7.33 ±0.23	7.78 ±0.38	7.63 ±0.42	7.34 ±0.22	7.44 ±0.96	7.43 ±0.96

CIE b* Valeurs moyennes

Formulation	Traitement	Remplissage	Semaines de stockage (jours)							
			1 (0 jour)	2 (7 jours)	3 (14 jours)	4 (21 jours)	5 (28 jours)	6 (35 jours)	7 (42 jours)	8 (49 jours)
Durum	CD	SC	26.91 ±1.00	27.02 ±1.11	26.81 ±0.97	27.17 ±0.92	27.85 ±0.73	27.45 ±0.68	27.07 ±0.87	26.75 ±0.56
WW	CD	CST	25.90 ±0.69	26.07 ±1.41	27.71 ±1.05	27.24 ±1.32	27.91 ±1.08	27.61 ±0.81	27.64 ±1.52	27.47 ±0.78

DAY 0
Control –No Filling

DAY 20
Control –No Filling

(A) Whole-Wheat Raviolis without Filling or Treatment

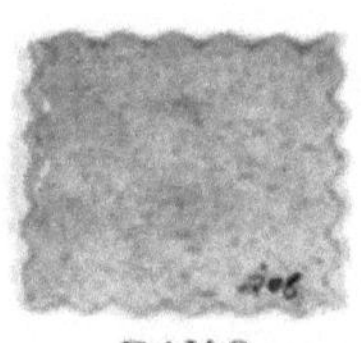

DAY 0
Control –No Filling

DAY 20
Control –No Filling

(B) Whole-Wheat Raviolis without Filling & CD Treatment

Figure 11. Browning effect of whole-wheat (WW) raviolis without filling, and with or without cultured dextrose (CD) treatment at day 0 and day 20 (Objective 1).

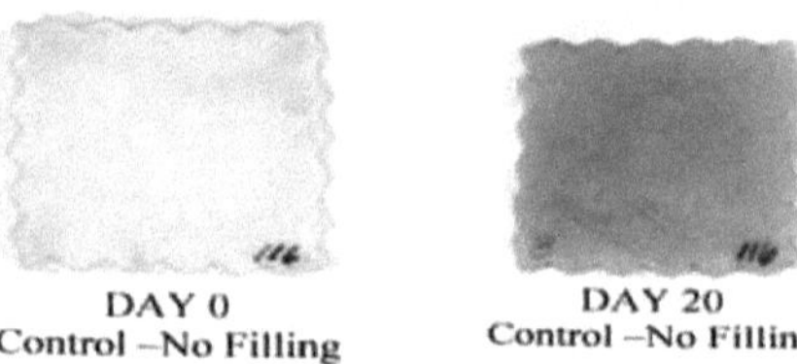

DAY 0
Control –No Filling

DAY 20
Control –No Filling

A. Durum Raviolis without Filling or Treatment

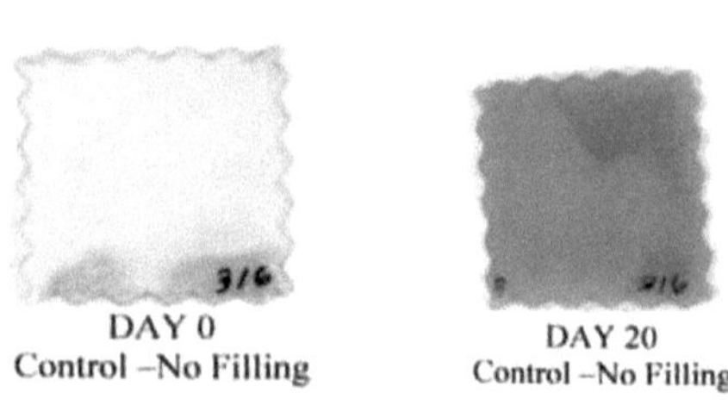

DAY 0
Control –No Filling

DAY 20
Control –No Filling

B. Durum Raviolis without Filling & CD Treatment

Figure 12. Browning effect of durum raviolis without filling, and with or without cultured dextrose (CD) treatment at day 0 and day 20 (Objective 1).

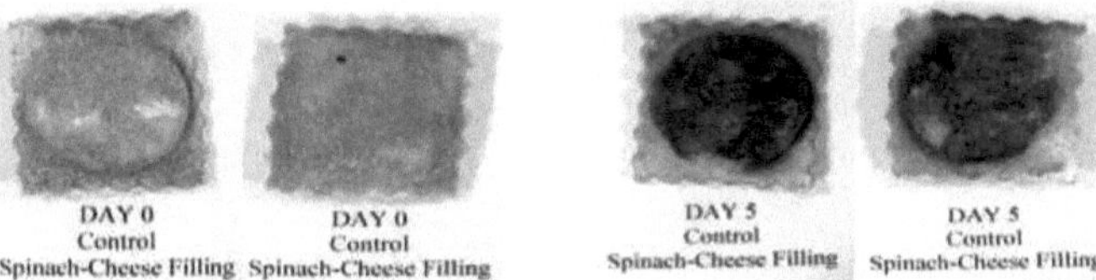

A. WW raviolis with SC filling and without treatment.

B. WW raviolis with SC filling and CD treatment.

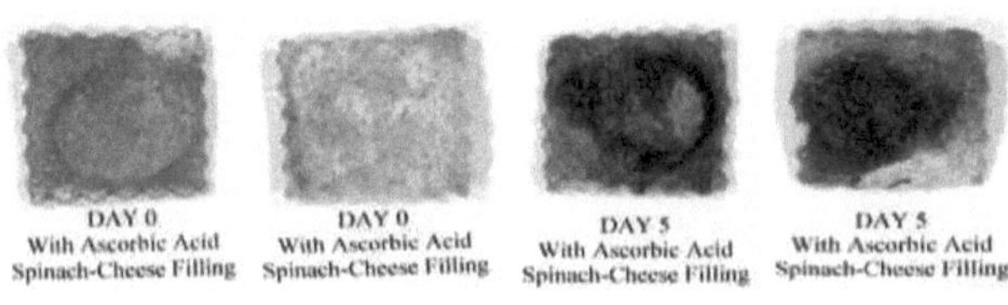

C. WW raviolis with SC filling and AA treatment.

Figure 13. Browning effect of whole wheat raviolis (WW) with spinach-cheese (SC) filling, and with cultured dextrose (CD) or ascorbic acid (AA) treatment at day 0 and day 5 (Objective 2).

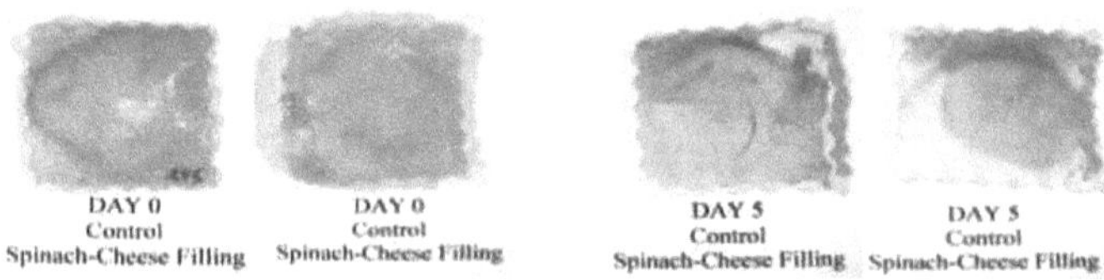

A. Durum raviolis with SC filling and without treatment.

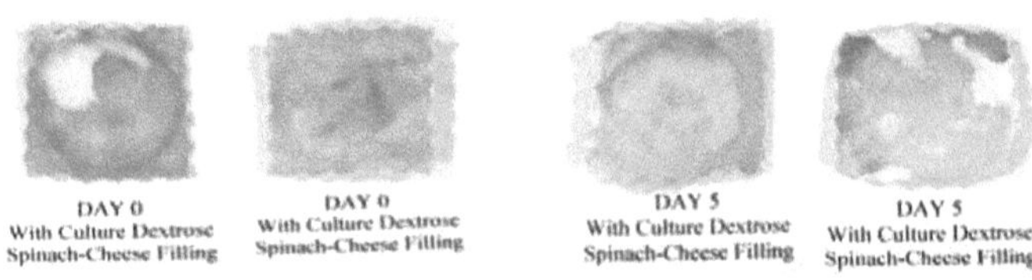

B. Durum raviolis with SC filling and CD treatment.

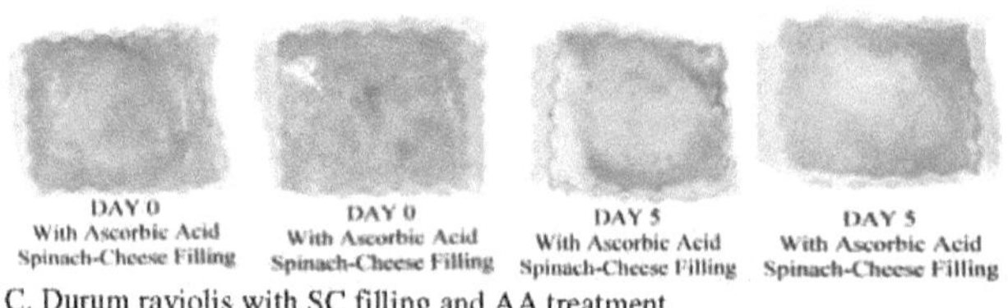

C. Durum raviolis with SC filling and AA treatment.

Figure 14. Browning effect of durum raviolis with spinach-cheese (SC) filling, and with cultured dextrose (CD) or ascorbic acid (AA) treatment at day 0 and day 5 (Objective 2).

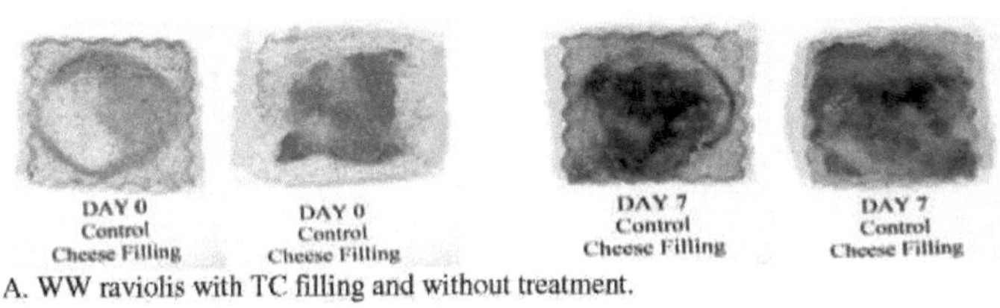

| DAY 0
Control
Cheese Filling | DAY 0
Control
Cheese Filling | DAY 7
Control
Cheese Filling | DAY 7
Control
Cheese Filling |

A. WW raviolis with TC filling and without treatment.

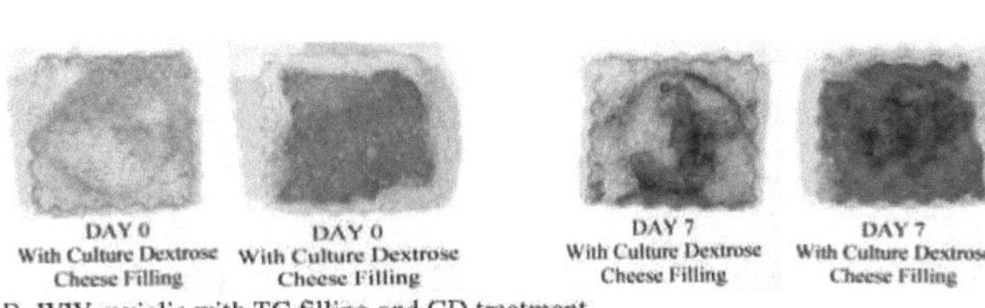

| DAY 0
With Culture Dextrose
Cheese Filling | DAY 0
With Culture Dextrose
Cheese Filling | DAY 7
With Culture Dextrose
Cheese Filling | DAY 7
With Culture Dextrose
Cheese Filling |

B. WW raviolis with TC filling and CD treatment.

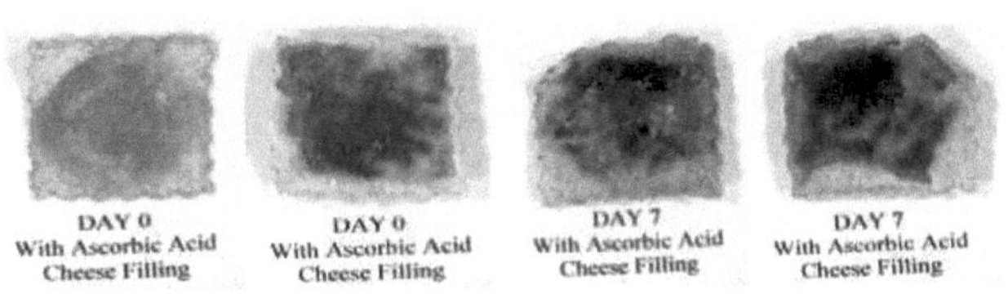

| DAY 0
With Ascorbic Acid
Cheese Filling | DAY 0
With Ascorbic Acid
Cheese Filling | DAY 7
With Ascorbic Acid
Cheese Filling | DAY 7
With Ascorbic Acid
Cheese Filling |

C. WW raviolis with TC filling and AA treatment.

Figure 15. Browning effect of whole-wheat (WW) raviolis with three-cheese (TC) filling, and with culture dextrose (CD) or ascorbic acid (AA) treatment at day 0 and day 7 (Objective 2).

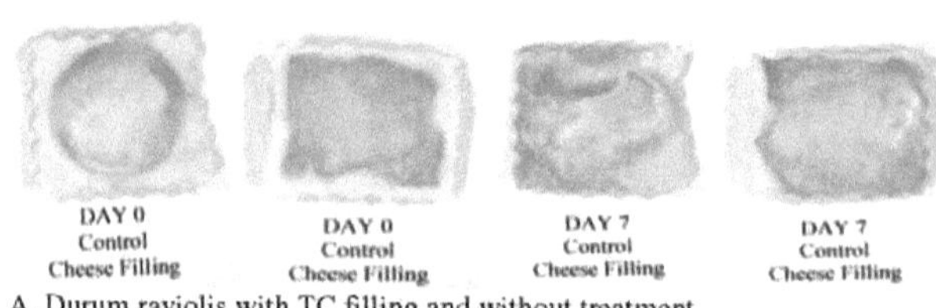

A. Durum raviolis with TC filling and without treatment.

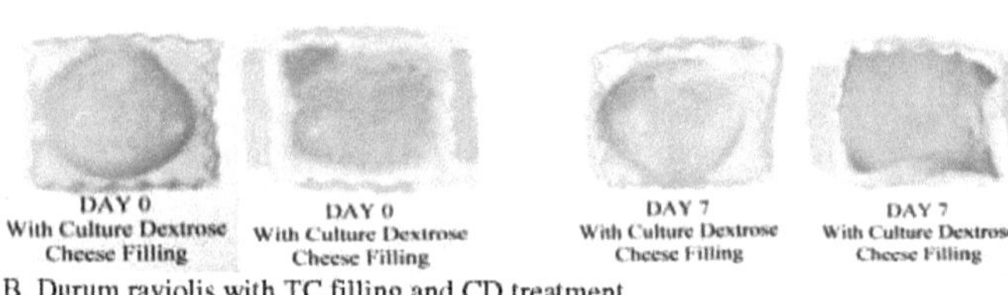

B. Durum raviolis with TC filling and CD treatment.

C. Durum raviolis with TC filling and AA treatment.

Figure 16. Browning effect of durum raviolis with three-cheese (TC) filling, and with culture dextrose (CD) or ascorbic acid (AA) treatment at day 0 and day 7 (Objective 2).

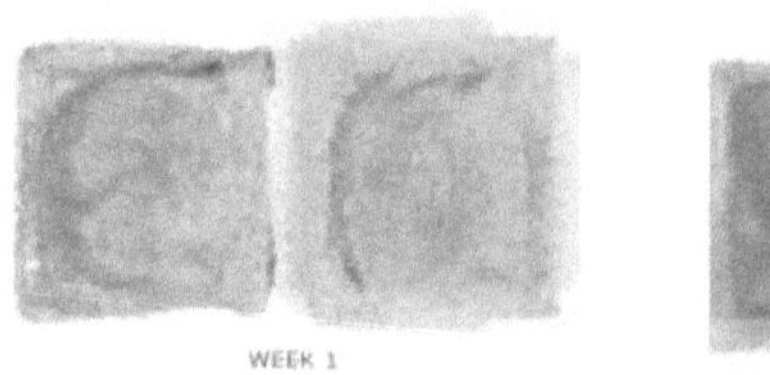

A. WW raviolis

B. Durum Raviolis

Figure 17. Browning effect of durum raviolis with spinach–cheese (SC) filling and whole-wheat (WW) raviolis with chicken-sundried-tomato (CST) filling, thermally treated and MAP at week 1 and week 8 (Objective 3).

Printed by Books on Demand GmbH, Norderstedt / Germany